图 5-22 FM 信号的频谱扫描结果

图 5-23 带宽为 12.5kHz 的 FM 信号定位结果

图 5-24　多目标时分体制信号的定位结果

图 5-25　多目标频分体制信号的定位结果

图 5-26　TDOA 无人机监测系统定位轨迹界面

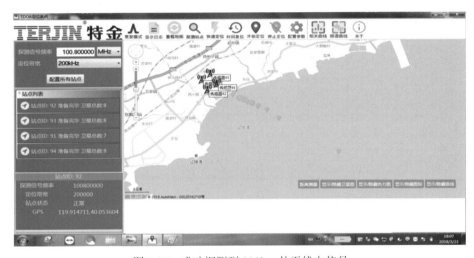

图 5-27　成功探测到 200km 外无线电信号

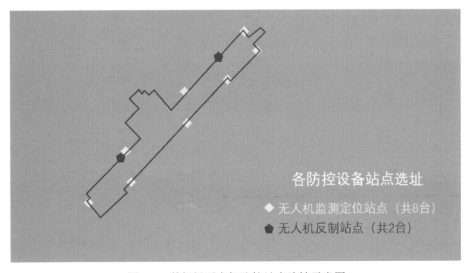

图 6-5　某机场无人机防控站点选址示意图

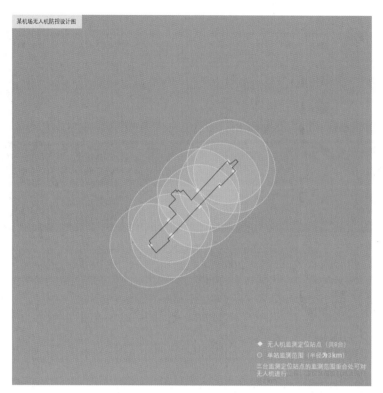

图 6-6　某机场无人机侦测预警覆盖效果示意图

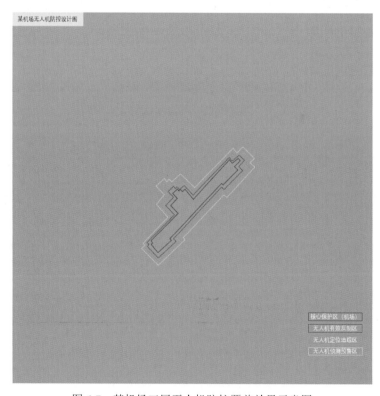

图 6-7　某机场三层无人机防控覆盖效果示意图

无人机

原理、应用与防控

周 斌 主编

刘 晶 冯 波 杨德祥 李常青 副主编

清华大学出版社
北京

内 容 简 介

本书为无人机监测、反制技术教程，主要阐述无人机基本发展概况、飞行技术、飞行特点、基本结构、监测原理及技术应用、反制原理及技术应用。在此基础上，本书还详细介绍无人机构造、飞行原理、无人机应用环境与线路规划，并通过实际案例分析无人机防控的必要性，列举无人机防控相关的解决方案与产品。

本书可作为无人机应用技术相关专业及从事无人机领域的相关技术人员、企业或培训机构的培训教材或参考教材，也适用于具有一定技术基础的相关专业人员或行业爱好者自学。

图书在版编目（CIP）数据

无人机原理、应用与防控 / 周斌主编 . —北京：清华大学出版社，2023.1（2024.12重印）
ISBN 978-7-302-62315-1

Ⅰ. ①无… Ⅱ. ①周… Ⅲ. ①无人驾驶飞机－教材 Ⅳ. ① V279

中国版本图书馆 CIP 数据核字 (2022) 第 254067 号

责任编辑：袁金敏　薛　阳
封面设计：杨玉兰
版式设计：方加青
责任校对：徐俊伟
责任印制：沈　露

出版发行：清华大学出版社
　　　　网　　　址：https://www.tup.com.cn，https://www.wqxuetang.com
　　　　地　　　址：北京清华大学学研大厦A座　　　　　　邮　　编：100084
　　　　社 总 机：010-83470000　　　　　　　　　　　邮　　购：010-62786544
　　　　投稿与读者服务：010-62776969，c-service@tup.tsinghua.edu.cn
　　　　质 量 反 馈：010-62772015，zhiliang@tup.tsinghua.edu.cn
印 装 者：大厂回族自治县彩虹印刷有限公司
经　　销：全国新华书店
开　　本：185mm×260mm　　　　印　　张：14　插　页：2　字　数：285千字
版　　次：2023 年 3 月第 1 版　　　印　　次：2024 年 12月第 4 次印刷
定　　价：59.80元

产品编号：096124-01

前　言

随着科技的快速发展，无人机已经广泛应用于航空摄影、农林植保、遥感测绘、巡线巡检、消防安防、环保检测、物流运输及城市管理等各领域。据相关数据统计，截至2021年底，我国已实名注册无人机超83万架，其中无人机注册用户达78.1万，但我国有效的无人机驾驶员执照仅12.08万本。这意味着绝大部分无人机在空中飞行时都是由无证人员操作，不少无人机拥有者，尤其是消费级无人机驾驶者没有经过正规的培训及法律法规的教育，这对空中及地面各种区域威胁极大，尤其是禁飞区、机场净空区、军事管制区、政府敏感地区以及人员密集区。未来民用无人机市场潜力巨大，无人机市场保有量还将继续增加，这对无人机监测、反制手段及技术提出了极高的要求。

本书由周斌主编，刘晶、冯波、杨德祥、李常青为副主编，高政和、李帅、王浩、杨艳萍、刘杰坤、姚昌华、叶望胜参编。

不论是反制一线工作者，还是研发生产人员，都应该对无人机基本知识有所了解。本书重点内容为各类型无人机结构及飞行特点、无人机管理办法及法规、无人机线路规划、无人机监测及反制技术方法。第1～3章主要讲述无人机发展基本概况、无人机的基本构造及原理、无人机飞行特点及线路规划；第4～6章主要介绍无人机防控应用、监测以及反制技术。为了无人机行业能更好、更有秩序地发展，一线工作者应该责无旁贷地承担起相关教材的开发和编写工作，以提升无人机反制工作者的基本知识与业务能力，保证国家空中安全、地区安全与人员安全。

由于编者水平有限，相关资料匮乏，加之时间仓促，书中难免有不足和疏漏之处，恳请各位专家、读者给予批评指正，以便在未来修订时加以完善，再次深表感谢！

编　者
2022年8月

目　录

第1章
无人机概论

    无人机最早出现在 20 世纪初期第一次世界大战中，当时作为靶机训练使用，至今已有一百多年的发展历程。"无人机"是一个描述新一代无人驾驶飞机的名词。在民用领域中的航空拍摄、遥感测绘、管道巡检、农业植保、电力巡线、城市管理、地质勘测、消防安保、抢险救灾、气象监测、物流运输等行业，无人机的用途十分广泛。在军事领域中，无人机可以用来完成战场的侦察、对敌分子的空中打击、空中地面协作、定位校射、损失评估、电子战等。相较有人机而言，无人机成本比较低，效率高，没有人员伤亡风险，生存能力较强，机动性能好，作战使用方便，在现代战争中发挥着非常重要的作用，拥有广阔的前景。我国的无人机市场已发展了 30 余年，从最初的军用领域逐渐扩展到消费领域，各航空科技企业也如雨后春笋般涌现，从助力现代乡村到建设智慧城市，凡是需要空中解决方案的地方，都将有无人机的一席之地。无人机的发展，不仅在航空领域取得了不凡的成绩，同时还带动了动力技术、材料技术、控制技术、微电子技术以及通信导航技术等的迅速发展。未来，无人机将应用在更广阔的领域中。

∴ 本章目标

- 掌握无人机的基本情况。
- 了解无人机的基础知识。
- 了解无人机产业及发展现状。

1.1　无人机简介

无人机（全称为无人驾驶航空器，Unmanned Aerial Vehicle，UAV）指的是由无线电地面设备或机载飞行控制系统驾驶飞行的无人航空器。无人机及其搭载的任务载荷设备、配套的地面控制设备、通信设备及链路、起飞（发射）及回收装置、无人机的存储和检测等装置又被统称为无人机系统（Unmanned Aircraft System，UAS），也称远程驾驶航空器系统（Remotely Piloted Aircraft Systems，RPAS）。具体来讲，无人机系统包含无人机执行任务所需的所有装置。无人机系统不仅能实时准确地控制载荷设备来完成所执行的任务，还对执行任务时无人机的稳定性、实时数据传输的可靠性、空间位置的精准度、起飞着陆阶段的安全性提供有力保障。

无人机实际上是无人驾驶飞行平台的统称，也可以称为"空中机器人"。按照飞行平台来进行分类，可以将其划分为以下几种：固定翼无人机、无人直升机、无人多旋翼飞行器、无人飞艇、无人伞翼机、无人扑翼机等。

目前，无人机飞行平台以固定翼无人机、无人直升机及无人多旋翼飞行器为主。无人机从发展之初是将有人机加装无线电设备改制成无人机，所以其飞行原理、机体结构、操纵原理基本上与有人机相同。因此可以认为无人机是将有人机驾驶杆（舵）操纵内容迁移到地面无线电操控设备上，简化了无人机上的操纵系统与座舱结构，减轻无人机自身重量，从而增大无人机运载能力。另外，没有了前部的驾驶舱及舱内各类控制设备与生命保障系统，无人机拥有更大的空间安装任务载荷设备，让无人机可以代替有人机或其他设备工作，提高了作业效率，减少了人力的需求。

与有人机相比，无人机具有体积小、重量轻、高机动性、适应性强、成本低、使用方便等特点。由于不需要搭载飞行人员，无人机在设计时无须考虑飞行员舒适性等人为因素，更无人员伤亡的风险。设计人员只需要考虑无人机的飞行性能、执行任务的稳定性、续航时间等参数。所以，无人机更适合执行危险性较高的或不适合有人机执行的任务。

同样，无人机也有明显的不足之处。由于存在无人机在视距外飞行时不便于操作者对飞行环境的观察、操作者对飞行姿态不敏感、操纵延迟等因素，如果紧急情况处理不及时，容易造成安全事故。另外，通过地面控制系统进行无线电远距离操控易受到干扰和控制，外部环境感知设备的可靠性还有待提高等。

按应用的领域分类，无人机可分为军用无人机、民用无人机。

军用无人机又可以分为无人机侦察机、无人机攻击机、中继无人机、电子对抗无人机、微型战术无人机和靶机等。现代化军事战争提出了"忠诚僚机"的概念，使有人机与无人机编队协同作战，实现情报互通，有人机指挥无人机实时侦察打击，不仅减少了飞行员的伤亡，甚至在必要时可用无人机来防御即将到来的伤害。现代无人侦察机可在空中侦察 24h 以上，高空长航时无人侦察机不仅提高了情报获取效率，也减少了飞行员长距离驾驶疲劳可能产生的危害。微型战术无人机可用于单兵作战，利用无人机上的红外相机、光学相机以及红外热成像仪等设备完成捕捉战场画面、实时跟踪、目标锁定等任务。军用无人机在未来战场上将发挥巨大的作用。

在民用无人机领域，将无人机技术与行业应用相结合起来，才是无人机发展的真正需求。而在航拍摄影、农林植保、遥感测绘、物流运输、应急救灾、电力巡检、自然灾害监控等众多领域的应用，真真正正地拓展了无人机的用途。

但日常生活中人们常常将无人机与航模等同起来，其实它们的不同主要表现在控制方式、飞行方式、模块组成以及执行任务的差别上。航模大多数情况下是操纵手通过遥控器进行控制，而无人机增加了飞行控制系统，用以对无人机本身进行主动控制。其次就是执行的任务性质不同。无人机可执行超视距的任务，任务半径可达上万千米，利用机载导航系统进行自主飞行，利用数据链系统上传控制指令和反馈飞机的状态及工作情况。航模则大多数都在视距内进行飞行，且不携带任务系统，更多地用于娱乐和大型活动上的表演。

总的来说，航模更侧重于娱乐，独特的表演性质给人们带来了更多视觉上的体验，也享受着飞行的快乐。而无人机则是人们日常生活中的帮手，帮助人们完成许许多多的任务。无人机不仅在军用领域展现了强大的生命力，在农业、电力、安防、测绘等民用领域也得到了长足发展。我国的无人机也正处于快速的发展时期，涌现出了一大批优秀企业，在国际上也拥有着举足轻重的地位，为国家的无人机事业发展贡献了力量。

中国航空器拥有者及驾驶员协会（AOPA-China）是国际航空器拥有者及驾驶员协会（IAOPA）的中国分支机构，是 IAOPA 在我国的唯一合法代表。中国航空器拥有者及驾驶员协会于 2004 年 8 月 17 日在中国国家民政部登记注册，由中国民用航空局业务指导，代表中国私用航空器拥有者及驾驶员利益，接受国际航空器拥有者及驾驶员协会的监督、指导及相关规章约束。2013 年 11 月，中国民用航空局（CA）下发了《民用无人驾驶航空器系统驾驶员管理暂行规定》（以下简称《规定》），并由中国航空器拥有者及驾驶员协会负责民用无人机的相关管理。依照《规定》，我国无人机操作管理办法按照机型大小、飞行空域划分可分为 11 种情况，其中仅有 116kg 以上的无人机和充气量在 4600m³ 以上的飞艇在融合空域飞行，由民航局管理；包括现在越来越火的微型航拍飞行器在内的其他飞行，均由行业协会管理，或由操作手自行负责。图 1-1 所示为 AOPA 驾驶证。

图 1-1　AOPA 驾驶证

1.2　无人机发展简史

无人机的研发最早起源于第一次世界大战结束后。而到了第二次世界大战以后，世界上不少军事强国不约而同地将退役的各种战斗机改装成为靶机，正是这一举动开启了近代无人机发展的先河。随着电子技术方面的进步，无人机在侦察任务方面越来越展示出其优越性。例如，在越南战争期间，美国军方曾多次使用无人机对战场上高价值或者是防御严密的目标进行侦察。

目前，无人机产业同样是一个新型的高科技产业，涉及众多的领域，从产品研发、生产制造到行业使用、管理以及服务。产业链更是涉及许多高科技领域，其上游主要有新型材料，包括但不限于机身复合材料、载武器装备、操纵控制装备、发射回收装置及其他零部件等；下游主要包括军用和民用两种市场，以军用为主，还涉及科学研究、农业、电力、运输、气象等诸多行业，在民用领域也有广阔的发展空间。

1.2.1　产生背景

无人驾驶飞行器于 20 世纪 20 年代问世。1914 年，英军的卡德尔和皮切尔两名将领，向英国军队的飞行学会提交了一个提议：研究一个能够无人驾驶的飞行器，并使用无线电电子计量学来加以控制，使它能够飞行在目标敌人进攻地域的上空，把预先挂载在无人驾驶飞机上的炮弹投放下去。这个大胆的设想刚一提出，就迅速受到了当时伦敦军事航空学会主席戴亨·德森爵士的赞许，并当即指定由 A. M. 洛教授带领团队进行有关研制。无人机在当时是作为练习用的靶机，是许多国家都用来形容新一代无人驾驶飞机的用语。

无人机是在 1917 年由英国人首次研发获得成功的，但直至 20 世纪 50 年代初才获得了真正的应用。当时全球空军都纷纷大规模配备了大型无人机,并将其当作空中标靶使用。此后,美军率先研发实现了无人驾驶侦察机,并进行了相关试验。到了 20 世纪 80 时代,大型无人机已经获得了广泛应用。

1.2.2 发展历程

1. 世界无人机发展历史

从 1903 年莱特兄弟驾驶世界上第一架飞机试飞到提出无人驾驶飞行器这个概念仅仅过去十几年。此后一百多年间,无人机在飞行平台、控制技术、数据传输、导航通信、载荷设备等各技术领域都取得了显著的进步。随着科学技术的进步,无人机在军事战场上体现了十足的重要性。从军事到民用的转变,使得无人机大放光彩。无人机在民用领域应用广泛,也带动了一大批产业迅速发展。无人机的发展大致可分为三个阶段:萌芽起步期、探索发展期和成熟稳定期。

1)萌芽起步期

最开始,无人机的出现主要是用于军事领域。1917 年,美国人斯佩里发明了世界上第一台自动陀螺仪,美国海军采用了此款陀螺仪,并将"柯蒂斯"N-9 式教练机改装成世界首架由无线电操控的无人飞行器"空中鱼雷"式。"空中鱼雷"式无人机如图 1-2 所示,于 1918 年顺利飞行,但从未参加过战争。

图 1-2 "空中鱼雷"式无人机

随着三维立体作战模式逐渐形成,以及防空需求的增加,20 世纪 20 年代后,为了满足防空训练的需要,远程控制无人靶机开始出现。1935 年,英国的"蜂王"无人机问世,实现了现代无人机发射后能飞回至起飞点。"蜂王"无人机如图 1-3 所示,其最高飞行高度为 17 000ft,最高飞行速度为 100mi/h,但由于当时的技术相对落后,逐渐被英国皇家空军弃用。

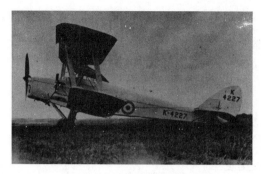

图 1-3　"蜂王"无人机

在这一阶段的无人机研发过程中，无人机基本没有携带任何的任务载荷，仅作为靶机使用。地面上的操纵人员利用无线电遥控设备操纵搭载低精度机械陀螺仪的无人机进行飞行。伴随着有人机的快速发展，这一阶段的无人机也突破了原有飞行速度和飞行高度的限制，从不可回收到可回收重复使用，从平稳飞行到大机动动作飞行，发展意义重大，影响深远，大大提高了无人机在战场上的表现。

2）探索发展期

20 世纪 60 年代起，无人机逐渐应用在战场之中。美国在越南战场上使用"火蜂"号无人机进行空中侦察，获取地面情报。以色列使用"侦察兵""猛犬"等多型号无人机在战场中执行火力侦察、伪装诱饵、电子欺骗等任务。

1994 年，美国制造了"捕食者"无人机，其升级版将侦察用途的飞机改造成可携带武器并能攻击目标的无人机，开创"察打一体"的先河。1999 年，"捕食者""先锋""猎人"等多款无人机在科索沃战争中执行空中侦察、战场监控、电子对抗等任务。

进入 21 世纪以后，各国无人机发展极其迅速，全球 50 多个国家和地区共研发出近千种无人机。2004 年，美国制造出 RO-7B "幻影"无人机，是当时无人机家族中最小的一款。2007 年，美国"捕食者 B""死神"无人机正式服役。2009 年，由臭鼬工厂（Skunk Works）设计生产的 RQ-170 "哨兵"无人机在美国空军服役，飞行高度可达 50 000ft。2010 年，美国研制的高空高速长航时无人机侦察机 RQ-4A "全球鹰"无人机部署在美国空军基地。

在横跨半个世纪的发展过程中，无人机系统从简单的机械陀螺仪向采用惯性导航加"罗兰"无线电导航的方式，从无任务载荷到加装简单载荷（如相机、红外探测等任务载荷），从操纵方式为遥控器到加装程序控制方式转变。至 20 世纪末，无人机上的导航定位系统升级为卫星定位与惯性导航组合的系统方式，任务载荷也实现了从最基本的载荷到加装光电吊舱的转变，控制方式也慢慢转变至程序控制与指令控制。至 21 世纪初，无人机发展已基本成熟，不少无人机至今仍在服役。从近程操控变成高空长航时，任务载荷除光电吊舱外还加装雷达等设备，无人机从侦察、干扰向使用大展弦比的攻击型无人机平台转变，导航系统主要采用差分定位方法加微型惯性导航系统，采用程序控制加交互控制的方式，能自主控制并实时交互。

3）成熟稳定期

从 2011 年至今是无人机发展的成熟稳定期。2012 年 12 月，欧洲"神经元"隐身无人机（图 1-4）在法国伊斯特利斯飞行试验中心首飞成功。2013 年 8 月，英国"雷神"隐身无人机（图 1-5）在澳大利亚武麦拉试验场完成首飞。2019 年 8 月，俄罗斯"猎人 B"隐身无人机（图 1-6）秘密试飞。这一阶段，无人机发展趋于稳定。在军事上，无人机逐渐向隐身化发展，通过改变结构布局以及使用隐身材料实现飞行平台隐身，避免雷达侦察。无人机也从单一作战逐渐向集群化、智能化战斗发展。任务载荷由侦察监视设备与精确制导武器等组成。随着人工智能技术的快速发展，无人机系统越来越智能、自主，性能也随着材料等技术的发展逐渐提高，战斗技术更加多样。

图 1-4　欧洲"神经元"	图 1-5　英国"雷神"	图 1-6　俄罗斯"猎人 B"
隐身无人机	隐身无人机	隐身无人机

2. 我国军用无人机发展历史

我国自 20 世纪 50 年代开始使用无人机，直至 1966 年 12 月，我国第一架无人机"长空一号"首飞成功，这也代表着我国的无人机进入自主研发生产阶段。"长空一号"无人机定义为靶机。1978 年 5 月，北京航空学院研制的"长虹一号"无人机试飞成功，成为我国首架高空无人侦察机，又名"无侦-5"，如图 1-7 所示。1994 年 12 月，由西北工业大学西安爱生技术集团研制完成 ASN-206 多用途无人机，它可以实时进行视频传输，为我军前线侦察提供了强有力的支持。

图 1-7　中国"长虹一号"多用途无人机

自 1999 年开始，中国航天科技集团有限公司开始研制无人机。2004 年，该无人机项目团队在没有任何经验和外界帮助的情况下，自主研制出具备自主飞行能力的"彩虹 -1"无人机。2007 年，"彩虹 -3"无人机首飞成功，在国内率先实现了"察打一体化"的无人机系统。"彩虹 -3"无人机翼展 8m，机长 5.5m，机高 2m，起飞重量 650kg，有效载荷 60 ～ 180kg，最大升限 7000m，最大速度 256km/h，巡航高度 3000 ～ 5000m，最大航程 2400km，巡航时间 12 ～ 15h，动力系统采用活塞发动机，如图 1-8 所示。

图 1-8 中国"彩虹 -3"无人机

2011 年，"翔龙"无人机面世，它是由中国航空工业成都飞机工业集团有限公司自主研发设计的一款大型高速高空长航时无人侦察机。"翔龙"无人侦察机如图 1-9 所示，机翼采用比较新颖的菱形联翼结构，在稳定性方面表现良好，升阻比比较高。"翔龙"无人机全身机长达 14.33m，机翼翼展 24.86m，飞机机身高 5.413m，正常起飞重量 6800kg，任务载荷 600kg，巡航高度为 18 000m ～ 20 000m，巡航速度大于 700km/h；作战半径 2000 ～ 2500km，续航时间最大 10h，起飞滑跑距离 350m，着陆滑跑距离 500m。

2012 年 11 月，"翼龙"系列无人机亮相珠海航展，它是由中国航空工业集团成都飞机设计研究所研制的一种中低空、军民两用、长航时多用途无人机。2021 年 7 月下旬，河南省大范围突发极端强降雨（7·20 郑州特大暴雨），导致部分地域引发了洪涝灾害，巩义市米河镇多个村庄通信中断。7 月 21 日，经研究，相关部门紧急调派"翼龙 2H"无人机（图 1-10）在空中充当应急通信平台，在跨区域长途飞行 4.5h 后抵达巩义市，21 日 18 时 21 分进入米河镇通信中断区域，利用其上搭载的移动公网基站，实现了大约 50km² 范围的长时稳定的连续移动信号覆盖。截至晚 20 时，空中移动基站共计连接用户 2572 个，产生流量 1089.89MB，单次最大接入用户 648 个，为广大灾区居民及时恢复了移动公网信号，打通了保障生命的应急通信线。

图 1-9　"翔龙"无人侦察机　　　　　图 1-10　"翼龙 2H"无人机

2021 年珠海航展上，"攻击 -11"无人机、"彩虹 -4"无人机、"彩虹 -6"无人机、"无侦 -7"无人机、"无侦 -8"无人机、WJ-700"猎鹰"无人机、"飞鸿 -97"无人机、"彩虹 -10"无人机纷纷亮相，也宣告我国逐渐走向自主生产研发无人机的大国时代。

3. 民用无人机发展

民用无人机相较于军用无人机起步较晚。20 世纪 80 年代，日本雅马哈公司率先开发了一款用于农业飞防的无人直升机，并在 1989 年首次试飞成功。21 世纪初，随着电子技术的快速发展，民用无人机迎来各国关注。2006 年，汪滔创立深圳市大疆创新科技有限公司（本书简称大疆公司）。该公司先后推出了"精灵"（Phantom）系列、"悟"（Inspire）系列、"御"（Mavic）系列等消费级无人机，在民用无人机中影响巨大。2015 年，无人机行业爆发，各无人机厂家飞速发展，为民用无人机行业的发展创造了非常有利的条件。目前，大疆公司的无人机在市场上依然有较高的占有率，在全球民用无人机领域也有不可撼动的地位。大疆"悟 2"无人机如图 1-11 所示。

图 1-11　大疆"悟 2"无人机

1.3 无人机分类

无人机的种类很多，形状、用途各不相同。为了更加清晰明了地讲解无人机的种类，可以从无人机的飞行平台、用途、运行风险、飞行高度、活动半径几方面入手。

1.3.1 按飞行平台分类

1.旋翼类飞行器

旋翼类飞行器是指一种重于空气的飞行器，当其在空中飞行时，由单个或多个旋翼旋转，进而和空中的气流进行相对运动，从而产生一种反作用力来获得升力，形成与固定翼飞行器相对的关系。现在的旋翼类飞行器中，旋翼自动迎风旋转，主轴不需要提供动力驱动飞行的是自转旋翼机，如图 1-12 所示；主轴需要动力驱动飞行的都可以划分为直升机，所以从名字上来看，多旋翼飞行器即旋翼数量为三个或三个以上的直升机。

1）多旋翼飞行器

多旋翼飞行器（Multirotor）也叫作多轴飞行器，是一种拥有三个及三个以上旋翼轴的特殊形式的直升机。单个旋翼轴最少需要一个电机，电机转动带动旋翼转动产生动力。通常这样来讲述多旋翼飞行器与单旋翼飞行器的差别：多旋翼飞行器的旋翼总距是固定的，而单旋翼飞行器的总距是随时可以变动的。多旋翼飞行器需要通过改变各个旋翼的转速来改变各个旋翼产生动力的大小，从而实现多轴飞行器前后左右以及上升下降的运动飞行。这种飞行器最常见的是中心对称结构或沿轴对称结构，飞行器上的各个螺旋桨按照机架的走向坐落于其边缘，结构较为简单，有利于小型化、批量化的生产。大疆"精灵 4"四旋翼航拍无人机如图 1-12 所示。

图 1-12 大疆"精灵 4"四旋翼航拍无人机

技术较为成熟的、比较实用且常见的有四旋翼、六旋翼、八旋翼飞行器等。操作简单、安全性高、构造简单、方便携带是它们的优点。消费级的小型航拍机更是越来越受到大众的欢迎，逐渐走进了寻常百姓的家庭。但是多旋翼飞行器同样存在缺点，主要有以下两点。

（1）续航表现一般。

多旋翼飞行器和单旋翼飞行器的差别在于改变运动轨迹的方法。多旋翼飞行器的运动依赖于实时改变螺旋桨的转速来改变飞行器的运动轨迹，因此多旋翼飞行器的飞行控制系统是最重要的，而它的气动效率不是研究人员的侧重点，导致升阻比不是那么出色，降低了能量的转化效率，也就导致了续航能力的降低。

（2）载重性能一般。

单旋翼飞行器和固定翼飞行器这两种机型可以做得很大，达到较大载荷载重的目的。而多旋翼飞行器却无法做得很大，当桨叶尺寸变大时，迅速改变桨叶转速的能力就会降低，所以单旋翼飞行器需要依靠改变飞行器的桨距来改变飞行器的升力大小，却不像多旋翼飞行器那样通过改变速度来改变升力。飞行器载重数值越高，对螺旋桨的性能要求也会越高，毕竟螺旋桨的大幅度震动之下刚性会降低，从而变得容易折断。

综上所述，在考虑到多旋翼飞行器的优缺点之后，多旋翼飞行器多用于日常生活中对续航和载重要求较低的任务，如影视航拍、农业植保、电力巡检等。

2）直升机

直升机（Helicopter）是指由发动机提供动力，使飞机的旋翼转动，从而产生升力和推进力。直升机的特殊构造使其大大降低了对飞行环境的要求，可以在较小的空间进行垂直起降及悬停，并且可以实现前进（前飞）、后退（后飞）、侧飞和定点旋转（也称自旋或回转）等一系列可控飞行。"R44"直升机如图1-13所示。

图1-13　"R44"直升机

直升机由机身起落架、动力装置、旋翼系统、控制系统以及各种载荷设备构成。机身空间用以放置任务载荷或用以载人。对于无人直升机,有时也可以取消这一任务空间,以机身下方挂载的方式安装在机身上。所以机身一般较为重要,它时刻影响着飞机的飞行性能、操纵性和稳定性。在飞行过程中,机身不仅承受着各种装载带来的负荷,也承担着动部件、发射武器、吊载货物带来的动负荷。这些负荷都通过接头传来。所以在研究直升机机体结构时,必须通过一定的手段降低其震动水平,以保障飞行的安全性和操控性。

轻型的直升机起落架一般采取滑橇的形式,而体型较大的或偏工业用途的大型直升机一般采取滑轮式的起落架。中大型直升机的动力一般采用涡轮轴发动机来驱动,这种发动机的输出功率较大,可为飞机提供足够的动力;轻型的直升机一般采用活塞发动机,而现如今的无人直升机也逐渐出现了由电机驱动的机型。不管是何种动力驱动,其原理都是让旋翼产生旋转,以产生飞行器需要的升力和控制飞行器飞行姿态的分力。根据旋翼反作用的扭矩的平衡方式,直升机通常被分为四种形式:单旋翼带尾桨式直升机、共轴双旋翼式直升机、双旋翼纵列式直升机,以及双旋翼横列式直升机。

多旋翼飞行器的飞行轨迹通过改变旋翼的转速来改变,而直升机通过改变旋翼的桨距来实现其升降运动,通过周期变距来实现直升机的前、后、左、右运动,通过改变尾桨拉力来控制直升机的飞行方向。

(1)总距操纵。

通过改变旋翼的总桨距,使得每个桨叶的安装角实现同时增大或减小,以此来改变旋翼拉力的大小。而随着技术的改革,现在总距操纵已经变为总桨距-油门操纵,即改变总距的同时相应地对发动机功率也做出改变,减少了操作的复杂性。

(2)变距操纵。

变距操纵是周期变距操纵的简称,是指通过自动倾斜器使桨叶的安装角周期发生变化,从而使桨叶升力周期发生周期变化,让桨叶进行周期挥舞。此时,飞机上的表现为——旋翼锥体相对于飞机机体向着操纵杆运动的方向倾斜。

(3)航向操纵。

航向操纵是利用方向舵操纵尾旋翼(尾桨)的拉力大小,实现航向的操纵。当尾旋翼(尾桨)拉力发生改变时,这个力对飞机重心的力矩和主旋翼的反作用力不再平衡,直升机会绕立轴转动,使航向发生改变。

相对于多旋翼飞行器,直升机的优势在于载重。直升机的载重往往可以很大,而多旋翼的机型构造使其无法实现很大的载重。相对于固定翼飞行器,直升机对飞行环境的起降条件要求较低,方便在无跑道的环境下起飞降落,且可以实现在空中自主悬停。与其他机型相比,直升机的结构较为复杂,这也导致了它的维护成本较高,操控难度较高。

3）倾转旋翼机

倾转旋翼机（tiltrotor）这一机型结构较为特殊，是综合了旋翼和固定翼两种结构的飞行器。倾转旋翼机就是在相当于固定翼机翼的两侧翼梢之上分别安装一组由旋翼倾转系统组成的、能在水平和垂直位置之间转动的套件。当系统处于垂直位置时，倾转旋翼机类似于横列式的直升机，这时的旋翼轴与地面垂直，可以完成像直升机一样的原地起降以及其他飞行动作；当系统处于水平位置时，倾转旋翼机又相当于固定翼螺旋桨飞机。将倾转旋翼机与直升机相比，它的航程以及航速均优于直升机。

目前来看，世界上比较有意义的一款倾转旋翼机就是美国贝尔公司研制的 V-22 型鱼鹰倾转旋翼机，如图 1-14 所示。

图 1-14　V-22 鱼鹰倾转旋翼机

2. 固定翼飞机

固定翼飞机（fixed-wing aircraft）指由动力装置产生前进推力或拉力，由飞机两侧机翼产生升力，在大气层中飞行的重于空气的航空器。当固定翼飞机向前飞时，机翼与空气之间摩擦，形成压强差，产生相对运动，进而产生升力。固定翼飞机一般情况下由机翼、尾翼、机身、起落架和动力装置（推进装置）组成。依据飞机动力装置的不同分为喷气式飞机和螺旋桨式飞机。目前所存在的固定翼飞机的形状千奇百怪，但总体上还是遵循着常规的布局来设计。

1）机翼

固定翼飞机的机翼是产生升力的翼面，飞机的飞行主要靠机翼来产生升力。根据气体的相对性原理和伯努利原理可以知道，气体会在机翼表面产生压力差，从而产生升力。升力增大，飞机的飞行速度也增大；反之，升力减小，飞机的飞行速度也随之减小。也就是说，只有在飞机的飞行速度使机翼所产生的升力大于自身重力时，飞机才可以离地起飞。

2）尾翼

尾翼是调整飞机平衡、操纵飞机飞行姿态的重要结构，分为水平尾翼和垂直尾翼两部分。水平尾翼是指安装在飞机机体后方的水平翼面，目的是让飞机保持俯仰方向的稳定，翼面越大俯仰稳定性越好，反之就越差。垂直尾翼是指安装在飞机机身后方的垂直翼面，目的是让飞机保持方向的稳定，垂直尾翼面积越大，方向稳定性就越好，反之就越差。

3）机身

机身是用来连接机翼和尾翼的结构，同时用来装载货物、燃料、人员和武器等。对于无人固定翼飞机来说，一般用来挂载任务载荷以及动力设备等。

固定翼飞机在空中飞行时所做的运动是围绕重心在三维空间进行的，将重心作为飞机的旋转轴中心，那么它的三个运动轴就是横轴、纵轴、竖轴。围绕横轴的运动称为俯仰运动，在此轴上进行的运动有抬头爬升或低头俯冲。围绕纵轴的运动称为横侧运动，在此轴上进行的运动有向左或向右滚转。围绕竖轴的运动称为方向运动，在此轴上进行的运动有向左或向右的方向运动。调试好的固定翼飞机会像天平一样达到堪称完美的平衡状态，三轴的状态达到平衡时（俯仰平衡、横侧平衡、方向平衡），飞机是保持直线飞行状态的。

重于空气的固定翼飞行器之所以能够在天空中飞行，主要取决于飞机机翼的翼剖面形状，专业术语称为翼型。最常见的翼型表现为机翼前缘圆滑丰满，后缘薄而平直并呈现向上弯曲的形状，这种翼型的飞机在空中进行高速飞行时可以产生一股向上的升力，速度越快，产生的升力就越大。这种翼型之所以常见，是因为其可以应用到大部分机型上，例如，现在世界上最大的安 -225 运输机就是这种翼型。其他翼型还包括凹凸翼型、平凸翼型、双凸翼型、对称翼型、S 翼型以及平板翼型。常见的机翼平面形状有矩形机翼、梯形机翼、后掠机翼以及椭圆机翼。

上面提到了固定翼飞机的形状"千奇百怪"，为什么这么讲？对于"常规布局"的飞机，是指既包含机翼又有平尾的机型。这一布局的飞机的最大优点是技术上成熟，是从飞机发展伊始就在使用的布局，也是航空发展史上应用最广泛的布局，不管是理论研究还是飞机生产技术都已经非常成熟。

有些飞机将原本布局在飞机机翼后方的尾翼平移至机翼的前面，这种飞机的布局称为"鸭翼"布局。单从外观上来看，"鸭翼"布局的飞机是指将主翼缩小，而将尾翼放大。鸭翼布局的飞机在某些方面还要优于常规布局的飞机，例如，在空中高速飞行时更稳定、起降距离缩短、机动性增强等。比较经典的机型有我国研发的"歼 10"猛龙（图 1-15）、瑞典研究的 JAS39，以及法国的"阵风"等。

图 1-15　"歼 10" 鸭翼布局

还有一种飞机在鸭翼布局飞机的基础上保留了平尾，称为"三翼面"布局飞机。拥有三个翼面的飞机可以将飞机上的载重更好地进行分配，并进一步地提升飞机的机动性，飞机本身对操纵者的反应也会表现得更加灵活。其缺点是增加阻力、降低了空气的气动效率、增加了飞机操控系统的复杂程度和飞机生产成本。三翼面布局飞机中最经典的当属俄罗斯研制的"苏 34"机型，如图 1-16 所示。

图 1-16　"苏 34" 三翼面布局

没有平尾也没有鸭翼的飞机称为"无尾"布局。主翼位于机尾的一部分，实际上起到了水平尾翼的作用。无尾布局的飞机在高速飞行时性能最为优异，接近于导弹、火箭的气动布局，因为这一布局的特点在于其阻力较小，且结构强度足够，让其非常适合高速飞行。飞机的升力由机翼上下表面的压强差产生，升力经过水平尾翼时会形成一股阻力，导致常规布局的飞机在飞行过程中会损失一部分阻力。而无尾布局飞机大大减少了飞行中的空气阻力，提高了无尾布局的气动性。航天飞机也采用此种布局。其缺点是飞机的低速性能不够好，飞行稳定性不强，起降能力弱。代表机型为法国的"幻影"系列，如图 1-17 所示。

图 1-17 "幻影 2000" 无尾布局

固定翼飞机通常包括方向、副翼、油门、升降、襟翼等控制系统，操控原理为通过舵机或舵机组来使飞机的翼面发生变化，产生相应的扭矩（力矩），用以控制飞机的转弯、爬升、俯冲、横滚等动作。

固定翼飞机的优点如下。

（1）飞行速度快。固定翼飞机的速度远高于直升机、多旋翼飞行器，同时也是这三类飞行器中唯一可以达到超声速飞行的飞行器。

（2）气动效率高。固定翼飞机是直升机、多旋翼飞行器中气动效率最高的一种，航程远、载重大。

固定翼飞机的缺点如下。

（1）起降环境要求高。对于固定翼飞机来讲，需要有一定的初速度才可以产生足够的升力起飞。相反，降落时则需要滑跑来减速。

（2）无法原地悬停。固定翼飞机一旦停止前进的运动，就会失去升力，因此固定翼飞机无法悬停。

这些特点使固定翼飞机在城市环境中的应用较少，但是在军事中，无人机需要速度快、航时长、挂载一些特定的武器或侦察用设备，所以固定翼飞机在军事环境中还是受到了较大的欢迎。

3. 无人伞翼机、无人扑翼机、无人飞艇

无人伞翼机、无人扑翼机及无人飞艇属于小种类飞行平台。

（1）无人伞翼机。无人伞翼机具有体积小、成本低、飞行高度低等特点，同时也存在着飞行速度慢、抗风性差、高空飞行能力差、机动性能差等缺点，所以无人伞翼机一般应用于民用领域，如图 1-18 所示。

（2）无人扑翼机。无人扑翼机主要用于仿生飞行，依靠像鸟类一样的"翅膀"产生向上的动力来飞行，具有垂直起降能力。但其缺点也显而易见，对于操纵系统以及材料使用要求较高，飞行速度与载荷重量难以提升，如图 1-19 所示。

（3）无人飞艇。无人飞艇具有依靠浮力在空中飞行的特点，优点是可在空中悬停以及垂直起降，相对节省燃料，所以一般应用在环境监测、空中巡视、空中摄影等民用领域，如图 1-20 所示。

图 1-18　无人伞翼机　　　　图 1-19　无人扑翼机　　　　图 1-20　无人飞艇

1.3.2　按用途分类

无人机按用途可分为军用无人机、工业级无人机和消费级无人机三类。其中，军用无人机可分为侦察无人机、诱饵无人机、电子对抗无人机、通信中继无人机、攻击无人机、靶机等。工业级无人机主要有警用无人机、消防无人机、红外热成像无人机、测绘无人机、植保无人机、气象无人机、巡线无人机、架线无人机等用于专业领域的无人机。消费级无人机是大众最为熟悉的一种无人机，具有价格低廉、操作简单、体积较小等优点，但续航能力、飞行距离、可靠性与功能等还有待提高。

1.3.3　按运行风险大小分类

国家空中交通管制委员会起草的《无人驾驶航空器飞行管理暂行条例（征求意见稿）》中第二章第八条规定：无人机分为国家无人机和民用无人机。国家无人机，指用于民用航空活动之外的无人机，包括用于执行军事、海关、警察等飞行任务的无人机；民用无人机，指用于民用航空活动的无人机。

根据运行风险大小，民用无人机分为微型、轻型、小型、中型、大型。

微型无人机，是指空机重量小于 0.25kg，设计性能同时满足飞行真高不超过50m、最大飞行速度不超过 40km/h、无线电发射设备符合微功率短距离无线电发射设备技术要求的遥控驾驶航空器。

轻型无人机，是指同时满足空机重量不超过 4kg，最大起飞重量不超过 7kg，最大飞行速度不超过 100km/h，具备符合空域管理要求的空域保持能力和可靠被监视能力的遥控驾驶航空器，但不包括微型无人机。

小型无人机，是指空机重量不超过 15kg，或者最大起飞重量不超过 25kg 的无人机，但不包括微型、轻型无人机。

中型无人机，是指最大起飞重量超过 25kg 但不超过 150kg，且空机重量超过 15kg 的无人机。

大型无人机，是指最大起飞重量超过 150kg 的无人机。

1.3.4　按飞行高度分类

无人机按飞行高度可分为超低空无人机、低空无人机、中空无人机、高空无人机和超高空无人机。

超低空无人机：飞行高度为 0 ～ 100m。

低空无人机：飞行高度为 100 ～ 1000m。

中空无人机：飞行高度为 1000 ～ 7000m。

高空无人机：飞行高度为 7000 ～ 18 000m。

超高空无人机：飞行高度大于 18 000m。

1.3.5　按活动半径分类

无人机按活动半径可分为超近程无人机、近程无人机、短程无人机、中程无人机和远程无人机。

超近程无人机：活动半径为 0 ～ 15km。

近程无人机：活动半径为 15 ～ 50km。

短程无人机：活动半径为 50 ～ 200km。

中程无人机：活动半径为 200 ～ 800km。

远程无人机：活动半径大于 800km。

1.4　无人机的发展方向

1.4.1　高空长航时化

早在 20 世纪 90 年代，就已经有高空长航时无人机被研发制造出来，最初的研发目的是要用其取代一些有人驾驶的高空高速侦察机（例如，由 20 世纪 50 年代美国军方研制的 U-2/TR-1 侦察机）。高空高速侦察机不仅可以减少人员的损失，也能增加侦察的潜藏性。

高空长航时无人机是一款飞行高度超出 10 000m，飞行续航时间不低于 12h，可以昼夜执行任务，长时间侦察监视的无人驾驶飞行器，能够持续地长时间地侦察监视、收集和截获任务区域更加全面的情报，观察任务区域的分辨率高、成本低、具有较高的安全性和灵活性等特点。

1. 高空长航时无人机的分类

高空长航时无人机的特点是要拥有"高空高速""持久飞行"的能力。一般的小型无人机被称为低空无人机，飞行高度一般在 500m 以下；一般的大型无人机被称为中空或者高空无人机，飞行高度一般为 5000 ～ 12 000m，高空无人机的飞行高度一般在 20 000m 左右，当无人机的飞行高度远超 20 000m 时，称为超高空无人机。长航时无人机的前提是续航时间最少为 12h，当一款无人机的续航时间高达 48h 的时候，就可以称该机型为超长航时无人机。

2. 高空长航时无人机在军用领域的发展

高空长航时一直都是无人机发展中需要研发的一项重要技术，在研发过程中不仅面临着众多的难点技术问题，还要不断迎接研究过程中呈现的新问题。而具备高空长航时性能的无人机在军事领域中主要担任着战役侦察、战场监视和情报收集的任务。所以，高空长航时无人机成为了各国军事武装发展的一大重点。不难预测，在未来的高科技战争中，具有高性能高空长航时的无人侦察机、无人战斗机和无人轰炸机将会在战争中执行不同的作战任务。无人机一旦拥有了高空长航时的性能，就具备了更加持久的作战能力，展现出更加强大的作战效果。

3. 高空长航时无人机在国内外的发展

众所周知，美国是最早研究无人机高空长航时的国家，无论是在技术领域还是资源领域，都处于领先世界的存在。美国早期的研发项目有"罗盘斗篷"和"棕色雨"。据报道，始于 1970 年的"罗盘斗篷"项目的目的就是要研制出一种最大升空高度超过 16 700m、续航时间在 20h、采用跑道起飞降落的方式、载重在 317 ～ 680kg 的无人机。而且波音公司和曾经的泰勒·雷恩公司分别研制了 YQM-94A 与 YQM-98A 两款原机型，并且这两种机型在试飞时也都达到了项目要求的性能指标。但是 1977 年 7 月该项目因为负载技术存在问题而被取消。

1983 年，美国国防高级研究计划局（DARPA）的"棕色雨"项目的研发目的就是要研制出一种由活塞发动机驱动的高空长航时无人机。由波音公司研发的代号为"秃鹰"的一款长航时无人机，于 1988 年 10 月首次试飞，巡航时间可以达到 60h，巡航速度为 360km/h，最大飞行高度为 19 800m。虽然该机型的性能让人惊叹，但并没有量产，也没有再进一步研发，项目最终被取消。

在国内，我国最早使用无人机是在 20 世纪 80 年代，不过，初始阶段是为了完善防空系统，无人机主要作为靶机和干扰诱饵等。后来为了使我国的武器武装能够满足对未来战场作战的需求，能够出色地完成在作战时对敌周边地域的侦察任务，让作战部队能够更加了解战场，对战争情势做出更加及时准确的判断，由我国自主研发的"翔龙"和"翼龙"两款高空长航时无人机，都具备中高空、长航时、侦察打击一体化多种性能，但是"翔龙"无人机研发的较早，有些技术能力稍稍落后于"翼龙"无人机。

据报道，"翔龙"的最大升限为 18 000 ～ 20 000m，最大飞行速度高于 700km/h，巡航半径为 2000 ～ 2500km，巡航时间也在 10h 左右。而在"翔龙"之后研制出的"翼龙 - Ⅱ"无人机于 2017 年 2 月 27 日成功完成首次测试飞行，并展现出了优越的性能。其最大飞行高度能够达到 9000m，最大飞行速度可达 370km/h，最小飞行速度为 150km/h，巡航时间可以长达 20h 之久，让中国的察打型无人机迈进了世界一流的水平。

其他国家对高空长航时无人机也开展了相关研究工作，例如英国对隐身高空长航时无人机领域的探索有着较为深入的研究基础，相当一部分关键性技术已经取得成功并得到验证。

4. 高空长航时无人机与新型能源结合

高空长航时无人机在能源选择方面，若使用碳氢燃料作为能源，其续航时间很大程度上取决于发动机的效率和能够携带燃料的量，可见其续航时间并不是很理想。所以，有相当一部分国家把太阳能、液氢等新能源与高空长航时无人机相结合进行研究，目的是延长续航时间，并取得了十分理想的效果。因此不难预测，在不久的将来，高空长航时无人机将广泛运用新能源来为其提供动力。

5. 高空长航时无人机的自主性、可靠性

随着科技的不断进步和人工智能的持续发展，现代无人机中的"自主性"一直都是其主要的发展趋势之一，提升高空长航时无人机的自主性，让其拥有完全自主能力的性能，在未来的战场上就能够实现无人机和有人机协同作战的效果，大大提升战斗能力，共同完成作战任务。

当高空长航时无人机具备较高的可靠性，就能在执行特殊任务和运行环境中降低（甚至消除）由于恶劣环境以及有可能出现的电子对抗带来的影响。同时，较高的可靠性对导航系统在长时间保持较高的精准度起着至关重要的作用，可以增强无人机的任务执行能力和安全飞行能力。

6. 高空长航时无人机在民用领域的发展

高空长航时无人机不仅在军事领域有很好的发展趋势，在民用领域也呈现出很可观的应用前景，例如，大气监测、执行空中交通管制、导航中继和海上航行管理等。

1.4.2　无人机隐形化

无人机从 1917 年研制以来，在军事上就发挥着重要作用，从开始主要进行电子侦察和电子干扰等军事任务，到现在从空中对地面实施打击，都展现出了无人机的优越性。但随着科技的进步与发展，通信与雷达探测技术在战争中的作用日益提高，传统的飞行武器面临巨大的考验。无人机在战场上用来执行更危险、更深入敌方的任务，那么推动无人机隐形化的发展，提升无人机的生存、纵深打击和突防能力，成为军用无人机发展的首要目标。隐形无人机技术目前是各国高科技武器装备上比较重要的一项技术，新款的多用途、隐形无人机的研制，俨然变为世界各国空军新的研究和发展的重中之重。现在所拥有的隐形技术和无人机技术结合产生了新型隐身无人机，在隐身性能、生存能力、战场主动权方面都在逐步提高。

雷达起源于 19 世纪，首次使用的地点是在第二次世界大战战场上。雷达的工作原理是雷达上的发射装置发射出无线电磁波，当有物体碰撞此无线电磁波时会将无线电磁波反射回雷达的接收装置，从而测算出探测到的目标的方向、距离等参数。雷达具有全天候、远距离、全天时、精度高的特点，是战场上最主要的探测目标手段。躲避雷达探测是研究无人机隐形技术的主要方向。

与传统的光学隐形技术不同，雷达的出现使人们无法再使用装备与背景颜色混淆的方法来蒙蔽敌人的眼睛。雷达发射的无线电磁波遇到障碍物会被反射，反射回来的无线电磁波会在接收仪器上显示为一个光点，称为雷达反射截面，战场上可以根据雷达反射截面的大小来发现并推测目标大小。

1. 隐形无人机的主要技术

1）外形隐形技术

外形隐形技术是无人机隐形技术最直接、最有效的隐形方法。合理地设计无人机外形及布局，能实现减小雷达反射截面，实现隐形。无人机主要反射雷达无线电磁波的部分为机翼、进气道及尾喷口。因此，在设计时需特别注意这三个位置。固定翼无人机基本构型为三种：正常式、鸭翼布局式和无尾式。其中，无尾式三角翼的布局最能减小反射雷达的探测无线电磁波。无人机在设计时应采取光洁平滑的外形，减少武器挂架、垂尾、平尾、进气道等外露部位，防止二次"反弹"。B2 隐形轰炸机（图 1-21）的隐身原理其实就是缩小自己的雷达反射截面。它的雷达反射截面是目前世界上各种飞机里最小的，大概只有 $0.01m^2$，相当于一只水鸟的雷达反射截面。也就是说，当 B2 隐形轰炸机从头顶飞过时，监视雷达的人，在雷达的接收仪器上看到了光点，会认为是一只鸟。而且距离远时可能什么都看不到。

2）材料隐形技术

材料隐形技术是现在各国使用最广的隐形技术。在无人机表面敷贴隐形材料，对雷达发射的无线电磁波进行吸收，通过改变雷达波长，尽可能避免被发现，使无人机达到在雷达上隐形的效果。无人机蒙皮材料选用碳纤维或树脂基复合材料能提高反雷达探测能力。复合材料由于不是金属材料，接触到雷达发出的无线电磁波时，不易产生电磁流和建立电磁场，能减少向雷达反射无线电磁波的能量。无人机在尺寸、重量、结构等方面优于有人机，机体、蒙皮大部分采用复合材料也能减轻无人机自身重量，所以在无人机上使用复合材料也更容易实现隐形。

图 1-21　B2 隐形轰炸机

3）主动欺骗隐形技术

无人机主动欺骗隐形技术是利用无人机机载诱骗系统或干扰机发出误导敌方的虚假信号，主动欺骗隐形技术包含对消隐形技术以及等离子体隐形技术。对消隐形技术是通过目标产生与雷达反射波相同频率、同振幅但相位相反的电磁波，与反射波相消干涉，从而消除散射信号。等离子体隐形技术是当对方雷达发射的电磁波遇到等离子体的带电粒子后，便发生相互作用，电磁波的部分能量传递给带电粒子，其自身能量逐渐衰减，其余电磁波受一系列物理作用的影响，绕过等离子体或产生折射，使电磁波探测失去功效。

2. 无人机隐形化的发展趋势

由于无人机不必布置飞行员座舱，不必担心人员伤亡，因此在设计中贯彻隐形理念较为容易。无人机隐形也是无人机中的一个重要分支。隐形飞机的种类将越来越多，隐形飞机的雷达反射截面将不断减小，隐形飞机将兼备多种隐形特性等都是无人机发展的趋势所向。未来，无人机隐形化需向着全方位的、不受天气影响的、更稳定的气动布局、更好的隐形能力方向发展。

1.4.3 空中预警化

无人机空中预警化最早提出于 20 世纪 90 年代的"美国空军试验室",虽然当时有很多项技术得到了验证,但最终并没有推出能够进行试验的型号机。空中预警无人机不仅可以与载人预警机协同执行作战任务,还可以凭借自身超强的生存能力对战场实施超长预警,单独作战。协同作战时,可率先将无人预警机部署在 200 ~ 300km 以外,可先将获得的信息情报传送给载人预警机,再由载人预警机发送至地面指挥中心,这样不仅能避免让载人预警机进入危险空域,也大幅提高了战场的预警范围。单独作战时,预警无人机就需要通过机身的各种传感器将所获得的情报信息直接传送给地面指挥中心。

无人预警机与载人预警机功能相同,属于集预警、通信、控制和指挥于一身的飞机,可作为空中指挥中心、雷达中继、空中值勤和空中监察等战斗装备投入作战,扩大了作战时的预警拦截范围,并且通过无人预警机能够控制战场上所有的防空作战武器,协调统一地去指挥作战。

与传统的载人预警机相比,无人预警机的造价低,空中生存能力优越,性价比高。预警无人机的提出有着客观需要的意义。一般战略预警机的续航时间都在 12h 左右,虽然载人预警机能够通过在空中补充燃料来延长续航时间,但是长时间的留空作业,空勤人员身体的生理条件需求有着很大的局限性,不适宜执行连续长时间的工作。如果实行轮班操作,就需要增加更多的空勤人员,还需要在机内设计供空勤人员休息的休息舱室,会增加作业的复杂性,还有可能因为人体的生理疲劳等人为因素造成意外,对飞行安全、操纵安全存在些许的不利因素。

无人预警机在留空作业的过程中不需要空勤人员的参与,不需要在机内设置硕大的载人空间,也不需要像载人预警机那样为空勤人员专门配备各方面的设备,既可以做到减小机身尺寸,又能够大大减轻机身重量,还不用耗费大量的人力成本。无人预警机能够真正实现长时间的留空作业,几天、几星期都可以实现,是载人预警机的数倍。所以,预警无人机可以实现对载人预警机的等效替代,能够将费用和效率的比值保持在最佳状态,具有十分明显的优势。

对于预警无人机而言,预警雷达是至关重要的设备。预警无人机的预警雷达主要有"机械式扫描雷达"和"相控阵雷达"两类。

机械式扫描雷达的波束扫描需要依赖电机驱动雷达天线的转动来实现。而相控阵雷达是用电来控制雷达波束的指向进行扫描,因此又被称为"电雷达"。电雷达技术体系要比机械扫描雷达更加先进,没有电机、传动装置以及减速器,对雷达罩的设计进行了简化,不仅减轻了重量、降低了制造成本,还具有更高的可靠性、自适应抗干扰性能以及多功能、多波束、高速率和多目标搜索等优势,进一步提高了雷达的实用性和可靠性。

无人预警机的价值主要体现在以下几方面。

（1）能够实现超长航时预警，在目标空域比有人预警机留空预警时间更长。

（2）比载人预警机更加擅长应对超低空目标，深入战区上空，提前预警，做好准备，载人预警机难以全面实现。

（3）可以在卫星的指引下实现地理避障。

（4）能够迅速抵达预警地点。

（5）能够更快地获取情报。

（6）在需要时，能够携带一些战备军械。

（7）能够争夺战场的主动权。

（8）成本比载人预警机低。

（9）用途广泛，可以执行多方面的作战任务。

（10）在海上时，性能、技术方面更优于固定的预警雷达站。

1.4.4　空中格斗化

空中格斗在现实战争中，就是飞机与飞机之间在空中交火作战。无人机空中格斗就是用无人机在空中交火作战。无人机在军事方面具体的应用除了情报侦探、信息对抗、通信中继、空中预警等，还包括军事打击能力，即空中格斗化。无人机携带作战武器，发现重要目标直接进行攻击，实现察打结合，在减少人员伤亡的同时还提高了部队的作战能力。无人机在战场上的优势是可以预先部署，拦截处于发射初期的战术导弹，在要地防空时可以以较远的距离摧毁敌袭导弹。攻击性无人机体积较大，飞行速度快，可以对地攻击和空战。攻击、拦截或直接摧毁地面和空中目标。战术攻击无人机在部分作战领域可以代替导弹，采取自杀式攻击方式，对敌实施一次性攻击。

随着无人机相关各技术产业的发展，无人机在战场上的地位逐渐提高，各国对军用无人机的开发与使用逐渐被重视，主要有以下几点原因。

1. 价格便宜、风险性低

无人机结构简单，重量轻，人员维护方便，不需要培养飞行员驾驶飞机，研发成本与后期保障费用都相对较低。科技的进步使无人机智能化、自动化取得了巨大的发展，无人机在执行空中格斗、武力打击等战场任务上已逐渐替代有人机，并且飞行时基本不存在人为因素造成的情况，执行高危险战斗任务时，无人员伤亡风险。

2. 灵活简单，机动性强

无人机相较于有人机，重量、体积都小得多，所以无人机在战场上起降距离大幅缩短，起降条件也不像有人机那样要求较高。无人机在飞行时，飞行速度、机动动作等不需要考虑人的过载等因素,可以做大的机动动作和速度进行飞行。在较为复杂的天气条件下,无人机也可执行战斗任务,实施战场侦察、武力打击等。

我国的攻击-2察打一体无人机、攻击-11隐身无人机等都是处于世界先进水平具有格斗化的无人机,如图1-22和图1-23所示,能够携带多种武器弹药,拥有长航时的滞空能力,使其能够对敌方高价值目标和装甲力量进行有效的杀伤和打击。而且部分军用无人机也采用了隐形化的设计,具备了一定的空中格斗能力。

图1-22 攻击-2察打一体无人机　　　　　　图1-23 攻击-11隐身无人机

目前,无人机空中格斗化的能力所欠缺的当属人工智能技术,需自主辨别攻击目标进行打击。如果是基于现在这种利用卫星信号远程控制的方式,无人机要想实现空中格斗是不可靠的,利用无人机自载的人工智能进行控制更为有效。

1.4.5 集群智能化

1. 无人机集群的概念

无人机集群由两架及以上数量的多功能无人航空飞行器共同组成,在人工智能的控制下,可以自主完成很多任务。多个无人机通过彼此的感知交互、信息传递来协同工作,在险恶的环境下可以低成本完成多样性的复杂任务。集群整体具有分布式自组织结构、简单式自适应个体、灵活式群体性模式、智能式紧密,可实现单个无人机行为自主决策、无人机间行为协同,最终产生能力涌现的自主式空中移动系统。

无人机集群技术并不是简单地把一大堆无人机放在一起,然后再安排一大堆操控手,一对一操作,这种低端的方式完全不符合无人机集群技术的定义。无人机集群技术是由多航空器平台通过科学的方式聚集后,给予每个个体特定的任务,随环境变化动态调整。简单来说,无人机集群是一个1+1＞2的群体。

2. 无人机集群在军事方面的应用

无人机集群作战是近年来随着无人机在战场上的作用不断提高而提出的。无人机的操作成本低、隐蔽性好、不怕伤亡和着陆简单、支持多任务类型等特点,也进一步推动了无人机集群的发展。无人机集群的灵感源自具有较低智能的生物在迁徙、巡游或是躲避敌害过程中产生的集群行为。在现代战争中，制空权往往是决定战争胜负的关键因素。无人机在空中的高度优势，使得无人机系统成为实现集群作战的首选无人验证平台。

少则十几架、几十架，多则几百架、上千架组成的无人机蜂群，都叫"蜂群"，当然是小型无人机或微型无人机才可以，而不是造价昂贵、装备齐全的大型无人机。小型和微型无人机可以从复杂地形直接起飞，编队前往目的地，也可以从不同地点分散起飞，沿不同路径到达目的地，以躲避敌人的侦察。它们还可以用运输工具运送，接近作战地时再释放来组成蜂群，以解决无人机航程短等问题。未来无人机的作战方式，或许由数千架无人机组成的大型集群可以整合各种不同作战工种的无人机，实现海、陆、空全领域协同作战，以适应不同战况，不以侦察为主，兼顾打击，能主动搜索和消灭敌人所有地面目标。无人机集群在军事上的应用非常广泛，大体上可以分为空中打击地面、空中打击海面、空中打击空中、城市作战（复杂地形作战）和战场支援五个方面。

美国在无人机"蜂群"作战技术方面处于领先地位，一直致力于该技术的发展。作战模式主要包括"忠诚僚机"（图1-24）模式、SoSITE分布式作战模式（图1-25）、有人-无人机自主性空中格斗模式、拒止环境下协同作战模式、可快速部署与回收集群作战、进攻性蜂群城市作战模式，以及无人机集群消耗作战模式等。在美国，无人机"蜂群"技术被列为"第三次抵消战略"的五大支撑技术之一，甚至宣称自核武器技术出现以来，"蜂群"技术是军事技术领域最重要的发明。2015年，美军共试飞了50次无人机集群，创造了当年的纪录。2016年，中国共试飞了67次固定翼无人机集群，成功打破了美国的纪录。2017年，美国成功试验了103架"山鹑"微型侦察无人机的完整飞行。之后，中国完成了119架无人机的集群飞行试验，这批无人机完成了密集弹射起飞、空中集结、群组行动和多目标分组等动作，具有很强的战术价值。

图1-24 "忠诚僚机"模式

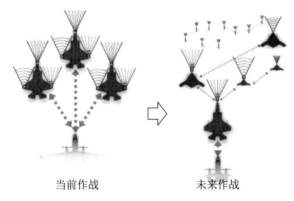

当前作战　　　　　　　　未来作战

图 1-25　SoSITE 分布式作战模式

3. 无人机集群的民用

相较于无人机集群在军事方面上的应用，读者可能对生活场景中无人机集群的应用更为熟悉，如大型展会活动中大规模无人机群飞表演，以及近些年比较热门的无人机外卖、无人机快递、无人机除虫害、无人机消防等。2017 年，中国一家无人机公司在广州部署了 1180 架民用无人机，进行了 9min 的炫酷表演，创造了无人机集群技术的世界纪录，超过 1000 架无人机在数据链和人工智能操作下飞行，而且能做到自动定位，单个无人机的偏差仅 1 ～ 2cm，上千架无人机进行复杂的编队飞行形成不同的模式且不会发生碰撞，说明我国已经突破了无人机编队飞行的许多技术难点。现在许多中国企业都可以做，只不过规模有大有小而已，很多人把数以千计的无人机集群表演称为一场精妙绝伦的"视觉盛宴"。

4. 无人机集群存在的问题

无人机集群虽然具有智能、无人、自主等技术优势，以及作战优势小型化、数量多、成本低等，但也存在着机动性能差、防御能力差、接收信号弱等问题。无人机集群在军事方面虽然强大，但并非无可挑剔，如信号干扰和低空防御武器都是击败无人机集群的方式，信号干扰对无人机集群可以说是"软杀伤"，低空防御武器是"硬杀伤"，都会对无人机集群造成破坏，而且无人机集群作战需要网络基础设施的支持，这要求向战场推进，架设基站等基础设施，难度非常高。如果网络基础设施被破坏，整个无人机集群就会失效，可靠性差，无法适应战场复杂多变的环境。

5. 无人机集群产生的背景

面对日益复杂的使用环境和多样化的应用需求，无人机不免受到其自身软、硬件条件的限制，使其仍有某些局限性。对于单个无人机而言，无人机本身的续航能力、质量和尺寸都起着重要的限制作用，使其无法形成持续有力的打击力度；受机载传感器以及通信设备的限制作用，单个无人机同样没办法实现对任务区域的多维度、大范围覆盖；而在执行高风险的任务时，单个无人机有可能因受到攻击或自身故障而失效，从而导致任务系统容错性不足等。

所以无人机集群的产生与发展能够有效地解决单架无人机的不足，无人机集群可以协同工作，共同完成任务，这样能够更大地发挥无人机的优势，也能避免单架无人机执行任务效果不佳而失败。无人机集群可以提高任务执行效率，拓展新的任务执行方式，从而提高任务的完成度和效果。这也是无人机集群的效果要比单架大型无人机效果好的原因。

6. 无人机集群关键技术

（1）群控制算法。

（2）通信网络技术。

（3）控制算法与通信技术的耦合。

（4）任务规划技术。

（5）路径规划技术。

（6）编队控制技术。

7. 无人机集群体系结构

无人机集群的体系结构是指各无人机之间、各无人机与控制站之间保持着不间断的信息关系和控制关系，以及智能、行为、信息、控制等要素在系统中的时空分布模式。无人机集群体系结构体现了每个无人机受系统的组织和控制关系，系统提供了无人机行为和信息交流的框架。无人机集群在执行任务时，环境是处于动态的、不确定的，存在多种不确定因素，无人机集群体系结构作为无人机集群在面临各种情况时做出反应的基础，对无人机集群能力的发挥起着举足轻重的作用。

第 2 章
无人机的基本构造及原理

本章在第 1 章的基础上，详细介绍无人机的飞行原理、结构与系统以及无人机的动力装置。在本章中，读者可以了解到大气的基本知识，升力产生的基本原理，固定翼无人机、无人直升机、多旋翼无人机以及垂直起降固定翼无人机的基本构造及其优缺点，以及无人机动力系统的类型与构造。通过学习，读者将掌握无人机的基础知识，为下一步学习打下基础。

❖ 本章目标

- 了解无人机空气动力学基础知识。
- 掌握固定翼无人机、无人直升机、多旋翼无人机以及垂直起降固定翼无人机的基本构造。
- 掌握固定翼无人机、无人直升机、多旋翼无人机以及垂直起降固定翼无人机的动力系统。

2.1 空气动力学与飞行原理

2.1.1 大气的基本知识

无人机属于重于空气的航空器，在空间内飞行时，无人机的飞行状态离不开大气环境对无人机产生的影响。只有掌握飞行中大气环境的变化规律，想办法克服或减少飞行环境因素对无人机飞行产生的影响，才能保证无人机飞行的安全性和可靠性。在大气层内飞行的飞行器，称为航空器。人类的活动也离不开大气，大气中占比最多的是氮气，含量约78%；其次是氧气，含量约21%；还有少量的二氧化碳及稀有气体。大气随地球的转动而转动，也受重力的影响，越靠近地球表面，大气的密度越大。

按照大气层随高度变化的特点，将大气层分为五层，分别是：对流层、平流层、中间层、暖层（电离层）和散逸层。图 2-1 所示为大气分层结构。

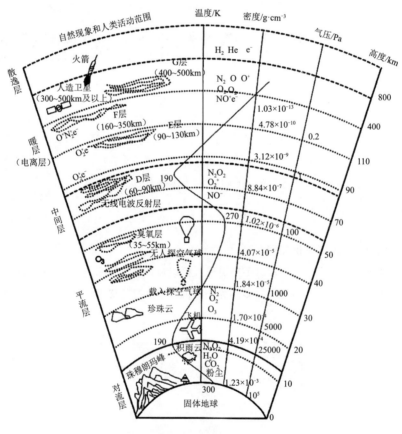

图 2-1 大气分层结构

1）对流层

对流层也叫变温层，是大气层中最低的一层。对流层底部紧贴地球表面，顶部在纬度不同地区，高度不同。在两极附近，对流层顶部高度为 8 ～ 9km；在中纬度地区，对流层顶部高度为 10 ～ 12km；在赤道附近，对流层顶部高度约为 17km。对流层高度会随温度变化而变化，夏季时的顶部高度高于冬季时的顶部高度。

对流层的特点比较明显，在这一层大气中，有较强烈的垂直运动和水平运动的风。大气中的水蒸气及灰尘都集中于此，水蒸气随着冷热交替会产生雨、雪、霜、雹、云、雾等天气现象。对流层温度随高度增高而降低，空气质量约占整个大气中的四分之三。

2）平流层

平流层也叫同温层，是对流层的上一层。平流层底部边界是对流层的顶部边界，顶部高度大约为 50km。对流层的特点为：温度先是保持不变，约为 -56.5℃，向上升至 20 ～ 32km 处时，气温开始升高，直到升至 0℃。平流层空气质量约占大气质量的四分之一，该层没有垂直方向的风，只有水平方向的风。由于没有水蒸气，平流层不会存在雨、雪、雹、云、雾等天气现象，飞行能见度高，气流平稳，空气阻力小，是航空器飞行的理想环境。

3）中间层

中间层是平流层的上一层。自 50km 对流层顶部开始至顶部高度约为 85km。这一层空气质量约为大气重量的三千分之一，空气非常稀薄。中间层臭氧含量极低，特点表现为随着高度的增加，温度急剧下降，顶层温度可降低至 -113.15℃ ～ -83.15℃。中间层由于温度急剧下降，会产生非常强烈的垂直方向的风。

4）电离层

电离层也叫热层，是中间层的上一层。电离层自中间层顶部开始至顶部高度最低约为 80km，最高可达 800km。这一层空气极其稀薄，声音无法传播，由于大量吸收太阳的辐射，温度很高，也被称为暖层。电离层中的大气处于高度电离状态或完全电离状态，所以又称为电离层。大气处于高度电离状态会有很强的导电性，能吸收、发射、折射无线电电磁波，对于无线电通信有很大意义。

5）散逸层

散逸层又叫最外层，是大气层的最外一层。散逸层可向外一直延伸至 2000km 以外，这一层空气的特点为大气分子已几乎不受地球引力所吸引，不断向太空中逃散。散逸层温度非常高，可达数千摄氏度。图 2-2 所示为大气分布的物理性质。

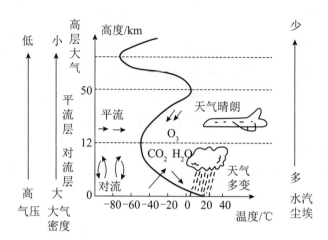

图 2-2　大气分布的物理性质

2.1.2　空气的特性

1. 空气的连续性

空气是没有任何形状的，将空气存放在什么形状的容器中，空气就是什么形状，将容器开口置于空气中，空气总会填满这个容器。

研究无人机在空气中飞行时，一般将空气看作是连绵一片的、不会被切断的连续介质。当空气受到物体扰动而发生运动时，必然是一团气体一起运动。通常将这种概念称为空气的连续性假设。

空气的连续性假设在研究无人机空气动力学与飞行原理时，意义非常重要。图 2-3 所示为空气的连续性原理图。

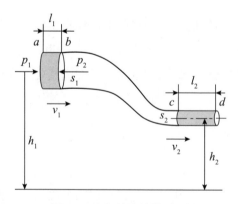

图 2-3　空气的连续性原理图

2. 空气的温度

空气的温度随着大气层的高度不断变化，量化温度的主要方法有：摄氏度、华氏度与开氏度（绝对温度）。在对流层中，温度随高度的增加而降低，高度每增加约

1km，气温下降约 6.5℃；在平流层中，温度先是保持不变，约为 −56.5℃，向上升至 20 ～ 32km 处时，气温开始升高；在中间层中，大气温度随着高度的增加急剧下降；在电离层中，温度变化与高度没有直接关系；在散逸层中，温度随高度的增加不断升高。

3. 空气的密度

空气的密度是指在一定体积下，空气的质量大小。密度一般用 ρ 表示，密度的公式为 $\rho=m/V$。空气的分子与分子之间间隙很大，空气的密度大说明空气中含有的空气分子多，空气的密度小说明空气中含有的空气分子少。图 2-4 所示为空气密度随海拔高度的变化。

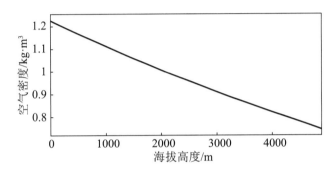

图 2-4　空气密度随海拔高度的变化

4. 空气的压力

空气的压力也叫空气的压强。其定义为：物体单位面积上所承受的垂直于物体表面的空气作用力。压强的单位是帕斯卡，简称为"帕"，用字母表示为 Pa。1Pa 表示 1 牛顿力作用在一平方米面积上，公式为 $1Pa=1N/m^2$。

空气分子在大气中做不规则运动，所以空气压力是没有方向的。只要有物体触碰到空气，在这个物体的任何表面都有空气压力。

气压计可用来确定无人机的飞行高度，在大气中大气压力随着高度的增加呈线性下降。当达到一定高度时，空气密度与压力较小，发动机功率与飞机升力会显著降低，这就是无人机性能中的一个重要参数：升限。图 2-5 所示为气压随海拔高度变化。

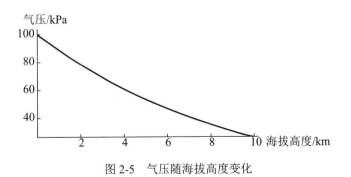

图 2-5　气压随海拔高度变化

5．空气的压缩性

空气的压缩性是指当空气的压强发生变化，其体积与密度随之发生改变的性质。不同物质的压缩性不同。液体的压缩性很小，通常将液体看成是不可压缩的；气体的压缩性很大，所以气体是可以被压缩的。

6．空气的黏性

空气在流动过程中，质点之间相对运动产生内摩擦力的性质，称为空气的黏性。空气的黏性随着温度的变化而变化，温度越低空气的黏性越小，温度越高空气的黏性越大。

7．声速

声速是声音在介质中传播的速度。声音在标准大气中的传播速度为 340m/s，1 马赫（Ma）等于一倍声速。声波是声音的一种传播形式，是一种机械波。

8．空气温度、压强与密度之间的关系

在温度一定时，空气的压强与其密度成正比。温度相同，空气的压强越大，其密度也越大；反之，空气的压强越小，其密度也越小。

在密度一定时，空气的压强与其温度成正比。密度相等，空气的压强越大，其温度也越大；反之，空气的压强越小，其温度也越小。

2.1.3 标准大气

大气的物理性质随着高度、温度、地理位置、季节的变化而变化。无人机在飞行或试验中，在不同的位置、高度下飞行，其性能也会不同。为了能使无人机在设计、试验、飞行中获得统一的标准数据，必须建立一个统一标准的大气，即标准大气。

我国国家标准规定标准大气的数据：海平面温度为 15℃，压强为 1.0133×10^5Pa，密度为 1.2250kg/m³。在 11km 以下，高度每升高 100m，温度降低 0.65℃；在 11 ～ 20km，温度保持在 -56.5℃。这种标准下的大气参数与我国中纬度的实际大气参数接近。表 2-1 所示为标准大气对照表。

表 2-1 标准大气对照表

海拔高度 /m	热力学温度 / T	气压 /Pa	密度 /kg·m⁻³
0	288.2	1.0133×10^5	1.225
2000	275.2	0.79501	1.007
4000	262.2	0.61660	0.8194
6000	249.2	0.47218	0.6601

续表

海拔高度 /m	热力学温度 / T	气压 /Pa	密度 /kg·m⁻³
8000	236.2	0.35652	0.5258
10000	223.3	0.26500	0.4135
12000	216.7	0.19399	0.3119
14000	216.7	0.14170	0.2279
16000	216.7	0.10353	0.1665
18000	216.7	7.5652×103	0.1217
20000	216.7	5.5293	0.08891
25000	221.2	2.5492	0.04008
30000	226.5	1.1970	0.01841
35000	236.5	0.57459	0.008463
40000	250.4	0.28714	0.003996
45000	264.2	0.14910	0.001966
50000	270.7	79.779×100	0.1027
55000	256.6	42.7516	0.0005608
60000	255.8	22.461	0.0003059
65000	239.3	11.446	0.0001667
70000	219.7	5.5205	0.0000875
75000	200.2	2.4904	0.0000434
80000	180.7	1.0366	0.00002

2.1.4　气流特性

1. 流体的基本概念

流体是与固体相对的一种物体形态，有液体和气体两种。流体具有流动性，且没有形状。流体由大量的分子构成，相互间做不规则运动。在空气动力学中，一般只研究气体的流动特性。为了方便在学习空气动力学中对一些基本名词的理解，下面将对这些名词进行解释。

（1）流体质点。又称"流体微团"，指一个体积很小但仍然大得足以满足连续介质假定的流体元。流体质点具有不随所取流体元的大小而变化的宏观流体属性，如平均密度、平均压强、平均速度等。

（2）连续介质。空气动力学中，连续介质是指将大量流体质点在空间内无间隙分布的一种假设，且质点具有宏观物理量。

（3）流线。流线是用来描绘流体微团流动状态的曲线，如图 2-6 所示。

（4）流场。将这几类连续介质模型内描述的流体叫作流场，或流体流动的全部范围叫作流场。流体的压强、速度、温度、密度、浓度等属性都可以看作时间和空间的连续函数，可以进行定量描述。

（5）流管。在流场中取一条不是流线的封闭曲线，通过曲线上各点的流线形成的管状曲面称为流管，如图 2-7 所示。

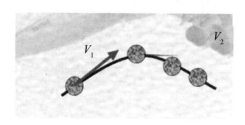

图 2-6　流线

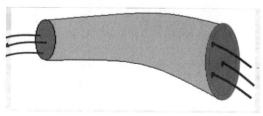

图 2-7　流管

（6）流体的黏性。流体内部各流体微团之间发生相对运动时，流体内部产生的摩擦力（即黏性力）的性质，如图 2-8 所示。

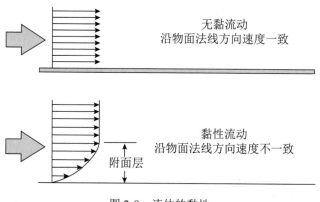

图 2-8　流体的黏性

（7）理想流体。理想流体指的是物理学中一种设想的没有黏性的流体，在流动时各层之间没有相互作用的内摩擦力，是没有黏性且不可压缩的流体，这种流体的密度在流动中几乎没有任何变化。

（8）定常流动。流体中任何位置点的速度、压力、密度等物理参数，都不随时间的变化而变化，这种流动状态称为"定常流动"，或叫"恒定流动"。与之相反，只要其中任意物理量随时间的变化而发生变化，就称为"非定常流动"。

2. 相对运动原理

无人机是重于空气的航空器，在飞行时必须产生与空气的相对速度才能产生空气动力，从而克服无人机的自身重力在大气中飞行。空气动力是无人机能在天空中飞行的必要条件。

假设空气是静止不动的，空气中有一静止固定物，一架客机在空气中做匀速直线运动。此时一观察者从飞机外某一固定点来观察，会看到空气与固定物不动，飞机在做匀速直线运动；当另一观察者坐在这架飞机上时，由于这名观察者与飞机是相对静止的，这名观察者观察到的是空气与固定物都在做匀速直线运动。

由此可见，无论是空气静止，飞机相对于空气运动，还是飞机静止，空气相对于飞机运动，都会产生空气动力。这就是"相对运动原理"。当飞机以一定速度穿过静止的空气和空气以相同速度流过静止的飞机时，其产生的空气动力是相等的。

风洞试验就是以运动的相对性原理作为理论依据创造使用的。风洞试验是将飞行器安装在一个可以制造空气流动的试验室中，使试验人员能实时观察飞行器在试验过程中的各种状态及试验参数，是一种相对安全的飞行器产生空气动力特性的试验方式。根据相对运动原理，飞机在静止空气中飞行所受到的空气动力，与飞机静止不动、空气以同样的速度反方向吹来，两者的作用是一样的。试验过程中，一般将飞行器制作成外形一样、等比例缩小的模型进行试验，以降低试验成本。图 2-9 所示为风洞试验。

图 2-9　风洞试验

3. 稳定流动

若流动系统中各物理量的大小仅随位置变化，不随时间变化，则称为稳定流动。若流动系统中各物理量的大小不仅随位置变化，而且随时间变化，则称为不稳定流动。

2.1.5　连续性定理与伯努利方程

（1）连续性定理。

质量守恒定律在空气动力学中称为连续性定理。连续性定理用来研究流体流经不同截面的通道时流速与通道截面积大小的关系，是描述流体流速与截面关系的定理。当流体连续不断且稳定地流过一个粗细不等的管子时，由于管子中任何一部分的流体都不能中断或挤压，因此在同一时间内，流进任意切面的流体质量和从另一切面流出的流体质量应该相等。

设想在稳定流动的液体中，截取一个截面积很小的流管，在流管中取任意两个截面 A、B，它们的面积分别为 S_1 和 S_2。对于所截取的流管横截面积 S_1 和 S_2，要求小到所有通过 S_1 的流线都有相同的速度 v_1，通过 S_2 的流线都有相同的速度 v_2，那么定义：在某一时间里，通过某一横截面上的液体体积和时间的比叫作通过这个横截面的流量。如果用 Q 表示在时间 t 内通过截面 S 的流量，那么

$$Q = \frac{V}{t}$$

式中，V 表示通过截面 S 的液体的体积，并可以知道流量的单位应是 m³/s。因为在稳流中流体经过任一固定点的速度不随时间变化，所以在任意时间 t 内经过 S 截面的流体长度 $L=vt$，这段时间内流过的流体的体积 $V=Svt$，所以

$$Q = \frac{V}{t} = \frac{Svt}{t} = Sv$$

若 V 的单位为 m³，那么 S 的单位为 m²，v 的单位是 m/s。设想在所截取的微小流管中，通过截面 S_1 处的流量为 Q_1：

$$Q_1 = S_1 v_1$$

同理，

$$Q_2 = S_2 v_2$$

由于理想流体的不可压缩性，而且流体不会穿过流管的壁，即质量在运动过程中守恒，所以 $Q_1=Q_2$，即

$$S_1 v_1 = S_2 v_2$$

这个关系式叫作理想流体的连续性定理或连续性方程。

从这个关系式可得出：在同一流管内流体的流速和它流经的截面积成反比，即截面积大的地方流速小，截面积小的地方流速大。如果所取流管中两处截面积相等，那么流体通过的速度也相同，如图 2-10 所示。

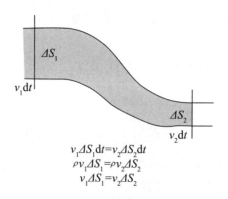

图 2-10　连续性定理

（2）伯努利方程。

在伯努利方程中用能量的观点来解释压力随流速的变化关系时，用的是压力能和动能的概念。但是，在飞行原理学科中，往往用静压和动压的概念。静压与动压之和，称为气流的全压。因此，描述气流流动过程中能量的变化关系，即压力（压力能）和流速（动能）的关系，通常用静压、动压和全压来表示。

① 静压（静压力）。

空气垂直作用于物体表面的压力是静压力，简称为静压，用 P 表示。

② 动压（动压力）。

流动的空气受到物体阻挡时，流速（动能）降低，而静压增大。逆风前进之所以感到很大压力，就是这个原因。既然空气在流速降低时，静压会增大，所以常把空气在流速降低到零时，静压所能增加的数量，称为动压力，简称动压，用 q 表示。试验和理论分析证明：动压的大小与空气密度（p）和气流速度（v）两个因素有关，其数值为 $\frac{1}{2}pv^2$，即

$$Q = \frac{1}{2}pv^2$$

③ 全压。

在流动的空气中，空气流过任何一点时所具有的静压与动压之和，称为空气在该点的全压，用 P_0 表示。飞机飞行时，相对气流中空气的全压，就等于当时飞行高度上的大气压力加上相对气流中飞机远前方的空气所具有的动压。由于在稳定气流中，压力能与动能之和等于一个常量，因此，气流的静压与动压之和（即全压）也等于一个常量：

$$静压 + 动压 = 全压（常量）$$

即

$$P + \frac{1}{2}pv^2 = P_0（常量）$$

式中：P 为静压，$\frac{1}{2}pv^2$ 为动压，P_0 为全压。

上述数学表达式称为低速流动的伯努利方程。方程中的静压（P）可以认为是单位体积内空气所具有的压力能，动压（$\frac{1}{2}pv^2$）是单位体积内空气所具有的动能，而全压（P_0）则是单位体积内空气所具有的压力能与动能的总和。可见，在全压一定的条件下，当气流速度加快时，动压增大，静压必然减小；而气流速度减慢时，动压减小，静压必然增大，如图 2-11 所示。

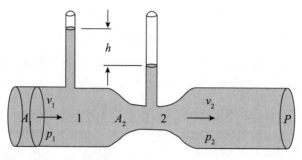

图 2-11　伯努利方程简图

在这里应注意，飞行中相对气流中的全压等于飞机所在高度上的大气压力加上相对气流的动压。当保持飞行高度不变时（如平飞），静压不变（即该高度上的大气压力）。如果飞行速度增大，则相对气流的动压增大，全压也随之增大。因此，伯努利方程中的全压（P_0）应等于一个新的常量。

2.1.6　机翼

无人机能在空中飞行是因为无人机与空气相对运动产生一个向上的力，这个力就是升力，升力大于重力，无人机就向上升；升力小于重力，无人机就向下降。机翼是产生这个升力的重要部件，机翼上一般都有气动部件。

无人机的飞行性能与机翼上的空气动力特性密不可分，机翼的空气动力特性又受到翼型的影响。机翼的几何形状可分为两部分：机翼平面几何形状和机翼剖面几何形状。图 2-12 所示为升力产生示意图。

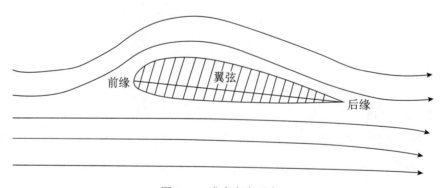

图 2-12　升力产生示意

1. 机翼剖面几何形状

平行于机翼的对称面截取的机翼截面为翼剖面，通常称为翼型。图 2-13 所示为不同的翼型种类。

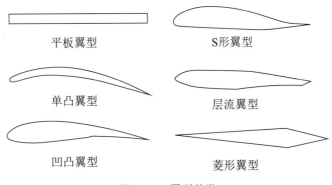

图 2-13 翼型种类

2. 翼型的几何参数

（1）后缘点。翼型的尖尾点，称为翼型的后缘。

（2）前缘点。在翼型的整个轮廓线上，有一点与后缘的距离最大，该点称为前缘点。

（3）翼弦。连接前缘点和后缘点的线段，其长度为几何弦长，简称弦长。

（4）中弧线。垂直弦线的直线在上下翼面所截线段的中点的连接线叫作中弧线。

（5）弯度。中弧线到弦线之间的距离叫作弯度，最大距离叫作最大弯度。

（6）相对弯度。最大弯度与弦长之比叫相对弯度。相对弯度的大小表示翼型的弯曲程度，相对弯度大，表示翼型的弯曲程度大；相对弯度小，表示翼型的弯曲程度小。

（7）厚度。以翼弦为基础做垂线，每一条垂线在翼型内的长度即为该处翼型的厚度。

（8）前缘半径。对于圆头翼型，取一个直径可变的圆，圆心在中弧线上，当这个圆靠近翼型的头部时，这个圆上一部分的弧与翼型前缘的弧重合，那么这个圆的半径称为前缘半径。

（9）后缘角。后缘处上下切线的夹角，称为后缘角，表明了后缘的尖锐程度。

翼型的几何参数如图 2-14 所示。

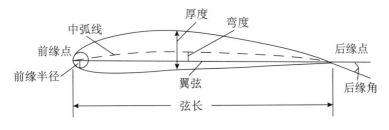

图 2-14 翼型的几何参数

3. 机翼平面形状

从上向下看，机翼在平面上的投影形状为机翼的平面形状。

4. 机翼平面的几何参数

机翼平面形状如图 2-15 所示。

（1）机翼面积。指机翼的正投影面积。

（2）翼展。表示机翼左、右翼梢之间最大的横向距离。

（3）后掠角。主要有前缘后掠角、四分之一弦后掠角等。其中前缘后掠角指的是机翼前缘线同垂直于翼根对称面的直线之间的夹角。

（4）展弦比。指机翼展长和平均几何弦之比。同时，展弦比也可表示为翼展的平方与翼展面积的比值。展弦比越大，机翼的升力系数越大，但阻力也增大。因此，高速飞机一般采用小展弦比的机翼。

（5）根梢比。机翼的翼尖弦长与翼根弦长之比，也称为"梯形比"或者"尖梢比"。

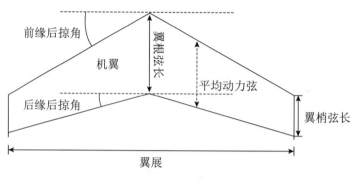

图 2-15　机翼平面形状

2.1.7　升力与阻力

1. 升力

无人机在飞行的过程中，机翼与空气产生相对运动，由伯努利方程与连续性定理可知，相对气流作用在机翼的上下表面产生压力。从风洞试验可以看出机翼表面各点的压力分布，机翼上各点的压力大小、方向各不相同，这些压力向量的总和就是机翼上的总空气动力，垂直于来流方向的分力称为升力，如图 2-16 所示。

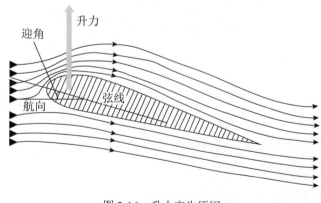

图 2-16　升力产生原因

2. 迎角

翼弦与相对来流方向的夹角称作迎角。迎角的大小影响无人机升力的大小，即迎角不同，升力就不同。迎角是无人机产生空气动力的重要参数。迎角有正负之分，相对来流方向在翼弦之下与翼弦产生的夹角为正；相对来流方向在翼弦之上与翼弦产生的夹角为负；相对来流方向与翼弦重合时，迎角为0°。

3. 阻力

只要是与无人机运动方向相反的力，就称为阻力。固定翼无人机阻力产生的原因比较好理解，但旋翼无人机产生的流场比较复杂，各部件间形成的阻力原因较多，容易混淆。这里以固定翼无人机为例，讲解无人机阻力产生的原因。固定翼无人机产生的阻力主要有以下几种。

（1）摩擦阻力。无人机机体和机翼表面有附面层，该层气流速度由零逐渐增大到和外层气流相同的速度。附面层内，气流越贴近飞机面膜越慢，这是因为这些流动的空气受到了飞机表面给它的向前的力。这些比较慢的空气，也要给飞机一个相反的作用力，这就是飞机的表面摩擦力。摩擦力的大小取决于空气的黏性、飞机表面状况，以及飞机与空气接触的表面积。空气黏度大，飞机表面越粗糙，飞机表面积越大，摩擦阻力越大。

（2）压差阻力。空气流过机翼时，在机翼前缘部分，会受到机翼的阻挡，流速变慢，压力增大；在机翼后缘处，由于气流分离形成湍流，压力减小。机翼前后形成压力差，产生阻力。这种由于前后压力差形成的阻力称为压差阻力。图 2-17 是各种形状物体的阻力。

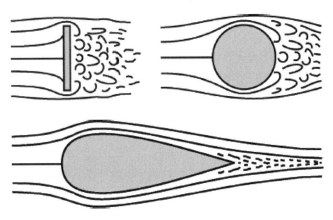

图 2-17　各种形状物体的阻力

（3）诱导阻力。机翼上除了压差阻力和摩擦阻力外，还会形成诱导阻力。因为升力的产生，机翼下表面的压力比上表面大，机翼长度有限，所以气流会向上表面流动。在翼尖部分形成旋涡，这种旋涡不断产生而又不断地向后流去，即形成了所谓的翼尖涡流。翼尖涡流使流过机翼的空气产生下洗速度，而向下倾斜形成下洗流。气流方向向下倾斜的角度叫作下洗角。由翼尖涡流产生的下洗速度，在两翼尖处最大，向中心逐渐减少，在中心处最小。这是因为空气有黏性，翼尖旋涡会带动它周围的空气一起旋转，越靠近内圈，旋转越快，越靠近外圈，旋转越慢。因此离翼尖越远，气流下洗速度越小，如图 2-18 所示。

气流由下表面的高压区流向上表面的低压区

图 2-18　诱导阻力

（4）干扰阻力。干扰阻力就是无人机各部件组合到一起后由于气流的相对干扰而产生的一种额外阻力。干扰阻力和气流不同部件之间的相对位置有关。在设计时要妥善考虑并安排各部件的相对位置，必要时在这些部件之间加装整流罩，使连接处圆滑过渡，尽量减少部件之间的相互干扰。

2.1.8　影响升力与阻力的因素

固定翼无人机与直升机的飞行原理较为相似，都是凭借着空气动力来实现飞行。机翼上产生升力的大小与机翼的剖面形状、粗糙程度等有着密切的关系。而无人机的升力和阻力产生于无人机在飞行时与周边空气之间产生的相对运动（相对气流）中。而影响固定翼无人机的升力和阻力的最基本因素包括：机翼的面积、机翼的形状等自身特点和气流的流速、空气的密度、机翼的迎角大小（机翼在气流中与水平面的夹角）等外部特点。

1. 机翼面积对升力、阻力的影响

在其他条件不变的情况下，机翼面积越大，产生的升力越大，阻力也会随之增大；相反，在其他条件不变的情况下，机翼面积越小，产生的升力就会随之变小，阻力同样也会减小。因此，机翼面积对升力和阻力大小的影响呈现出一种正比的形式。

2. 翼型对升力、阻力的影响

在其他条件不变的情况下，机翼的形状对升力和阻力也存在非常大的影响，飞机与机翼切面的粗糙程度和质量与机翼的相对厚度、最大厚度的位置、平面形状都或多或少有些影响。

飞机表面越光滑，产生的摩擦阻力就越小，阻力也会随之减小，反之就会越大。

机翼的薄厚指的是机翼中最大厚度与翼弦的比值，我们称之为相对厚度。小于12%的机翼称为薄翼形。机翼的相对厚度越大，飞行中与气流产生的升力与阻力也会越大。相对厚度越大，机翼上表面的弧度也越大，可以增大空气经过机翼上表面的流速，压力也会降低。而且在最低压力点的压力也会较小，分离点靠前，涡流区会相对变大，压差阻力就会大。

机翼平面形状对升力产生影响时，椭圆形机翼的阻力最小，矩形机翼和菱形机翼的阻力最大。总而言之，展弦比越大，阻力就越小。

3. 迎角对升力和阻力的影响

升力和阻力是无人机在空气中的相对运动产生的。相对来流方向与翼弦所夹的角度叫作迎角。在飞行速度等其他条件相同时，得到最大升力的迎角，叫作临界迎角。在小于临界迎角范围内增大迎角，升力增大；超过临界迎角后，再增大迎角，升力反而减小，如图2-19所示。迎角增大，阻力也增大，迎角越大，阻力增加越多；超过临界迎角后，阻力急剧增大。

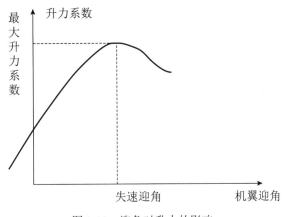

图 2-19　迎角对升力的影响

4. 飞行速度对升力和阻力的影响

飞行速度越大，阻力和升力越大。升力、阻力与飞行速度的平方成正比，如当飞机飞行速度增大到原来的两倍时，升力和阻力将达到原来的四倍。

在同一迎角下，机翼流线谱，即机翼周围的流管形状基本不随飞行速度而变。飞行速度越大，机翼上表面的气流速度增大得越多，压力降低得越多。与此同时，机翼下表面的气流速度减小得越多，压力也增大得越多。于是，机翼上、下表面的压力差增加得越多，升力和阻力也增加得越多。

5. 空气密度对升力和阻力的影响

空气密度大，空气动力就大，升力和阻力自然也大。因为空气密度增大，当空气流过机翼，速度发生变化时，动压变化也大，作用在机翼上表面的吸力和下表面的正压力也都增大。所以，机翼的升力和阻力随空气密度的增大而增大。试验证明，空气密度增大为原来的两倍，升力和阻力也增大为原来的两倍，即升力和阻力与空气密度成正比。空气密度的变化，对无人机的飞行影响是根本性的，如果空气密度严重降低，机翼在同样的速度下所产生的升力也急剧降低，无人机就很难飞行甚至会坠落。

2.1.9 增升装置

机翼的最主要功能是形成升力，是飞行器在高处航行的必备条件，同时具有一定程度的维稳与控制功能。飞机上一般配置有副翼和襟翼，通过控制副翼可控制飞机横滚，放下襟翼可以增加升力，如图2-20所示。

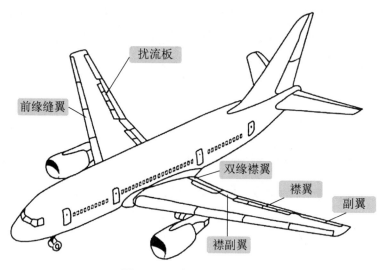

图 2-20　飞机上的各种襟翼

飞机机翼面积越大，升力就越大，同时摩擦力也越大，即机翼面积与升力和摩擦力成正比。同时，翼型对升力、摩擦力也有很重要的影响。机翼的相对厚度、最大厚度位置、襟翼与前缘翼缝之间的情况，都对飞机升力、摩擦力有很重要的影响。飞机表面平滑与否对摩擦阻力也会有影响，如果飞机表面比较平滑，摩擦力也相应地会比较小，反之则较大。当气体流过飞机时，机体前后的压力差称为压差阻力。气体在流经机翼前缘时速度骤降为零，形成了正压力点，气体继续向后流，经过最低压力点后，由于压力的不同，形成了附面层分离，形成湍流和层流。湍流在机翼后缘处形成了压差阻力。

1. 增升装置原理

在飞机设计阶段，对于翼型和机翼面积等方面，通常设计为机翼在巡航阶段的高度和速度情况下有足够的升力，但在起飞和降落阶段没有足够的速度来获取足够的升力，所以就需要更大的升阻比，这时就需要一个额外的装置来为正常起降提供足够的升力，这种装置就称为襟翼。机翼面积越大所提供的升力越大，同时机翼的弯度也会影响升力大小，机翼弯度增加会导致气体流经机翼上表面时速度更快，压强更小，流经下表面时受到阻力更大，流速更慢，压强更大，从而进一步加大机翼上下表面的压强差来增加升力。同时，翼弦的增长也使得机翼表面附面层更容易控制，延后附面层分离现象，使飞机更易于控制。所以，增升装置的工作原理就是增加翼体积、增加翼弯曲率，以及控制附面层。

2. 增升装置的类型

增升装置分为襟翼和缝翼，襟翼又分为前缘襟翼和后缘襟翼。

前缘襟翼主要装置在难以安装增升装置的飞机机翼上。前缘襟翼的构造比较简单，通常设置于机翼的前缘位置，但由于提高了翼的外倾，使前缘吸力增大，也因此增加了升力，但同时也使失速迎角有所增加，如图2-21所示。

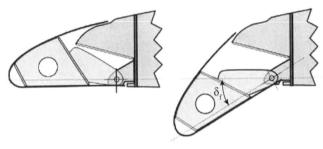

图 2-21　前缘襟翼

后缘襟翼一般指设置于机翼后缘部位的增升装置，是航空器上使用较为普遍的增升装置。

后缘襟翼有三种典型的构造，分别是简单式襟翼、富勒式襟翼、双缝式襟翼。

（1）简单式襟翼。是最简单的增升装置，依靠增大机翼弯曲程度来增加机翼升力，但是由于机翼弯曲，升力增加的同时阻力也在增加，所以效果不佳，如图2-22所示。

（2）富勒式襟翼。是一个后退开缝的襟翼，扩大机翼面积的同时在机翼前缘和后缘之间产生一个缝隙襟翼。产生的三重增升效应，不但扩大了机翼面积和机翼弯度，而且使在翼下部较高速的空气进入翼上表面并延缓与附面层的分离，可以起到增加升力的作用。富勒式襟翼在高空超声速战斗机和重型运输机等飞机中使用广泛，如图2-23所示。

图 2-22　后缘简单式襟翼

图 2-23　后缘富勒式襟翼

（3）双缝式襟翼。在现代科技中，双缝式襟翼应用广泛，它不仅集结了简单式襟翼和富勒式襟翼的优点,具有三重增升效果,同时在机翼前缘和后缘中形成了两道缝隙襟翼,增升效果更佳,如图2-24所示。

前缘缝翼是一种小翼面,装于翼前缘。当前缘缝翼片展开时,在翼面上产生了一个缺口。下翼面的高速和高压力下的空气通过这道裂缝加速进入上翼面,加快了机翼上表面附面层内空气的流速,从而减小下翼面压强,也减少了在这里的大量涡流。所以前缘缝翼恢复了上下翼面气压差,也缓解了与附面层的分离程度,减少了在高迎角下的失速,从而使升力系数大大增加,如图2-25所示。

图 2-24 后缘双缝式襟翼　　　　　　　图 2-25 前缘缝翼

2.1.10　无人机的稳定性与操纵

在研究无人机的操控性原理时,需要对无人机的空中位置、运动轨迹、气动力和力矩等向量建立相应的坐标系。地轴坐标系、惯性坐标系、航迹坐标系、速度坐标系与机体坐标系都是常见的坐标系,这些坐标系都是三维右手坐标系。机体坐标系能够简单明了地解析无人机的运动规律。

1. 机体坐标系

如图2-26所示,机体坐标系是固定在固定翼无人机上,随固定翼无人机一起转动的坐标系。原点 O 位于无人机的重心。

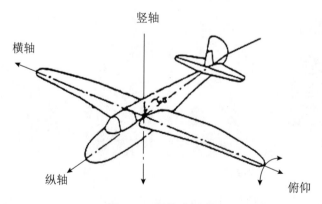

图 2-26 机体坐标系

Ox 轴位于固定翼无人机参考平面内平行于机身轴线并指向固定翼无人机前方，又称为固定翼无人机的纵轴。

Oy 轴垂直于固定翼无人机参考面并指向固定翼无人机右方，又称为固定翼无人机的横轴。

Oz 轴在固定翼无人机参考面内垂直于 xOy 平面，指向固定翼无人机的上方，也就是固定翼无人机的立轴。

无人机在进行操作时大多使用双摇杆，两个摇杆掌管着固定翼无人机的四个基础控制通道，分别是副翼、升降、油门、垂尾。其中，对飞机姿态进行控制的是副翼、升降、垂尾。

副翼通道对应的是副翼操纵舵面，当操控端对副翼摇杆进行操纵时，固定翼无人机就会绕其 Ox 轴（纵轴）进行滚转动作。

升降通道对应的是升降舵舵面，当对升降摇杆进行操纵时，固定翼无人机就会绕其 Oy 轴（横轴）进行俯冲或者爬升动作。

垂尾通道对应的是航向舵，当对航向舵进行操纵时，固定翼无人机就会绕其 Oz 轴（立轴）做出左偏航或者右偏航动作。

2. 机身稳定性

无人机的稳定性又称为无人机的"安定性"，是指当无人机受到外界扰动偏离原来的飞行平衡状态，在扰动消失后，无人机不需要操纵，能自动恢复到原来的飞行平衡状态能力。下面主要介绍固定翼无人机的稳定性。

（1）纵向稳定性。当飞机受到轻微扰动偏离原来的纵向稳定状态（俯仰状态），在扰动消失后，飞机能够自行恢复到原来的纵向平衡状态的特征如图 2-27 所示。

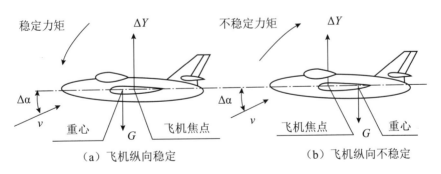

图 2-27　飞机纵向稳定性

（2）方向稳定性。在飞行中，飞机受到干扰，方向平衡状态遭到破坏，在扰动消失后，飞机可以趋向于原来的平衡状态，这就是具有较好的方向稳定性，如图 2-28 所示。

（3）横向稳定性。在飞行中，飞机受到干扰导致横向平衡状态受到干扰，在扰动消失后，飞机自身能产生一个恢复的力，使飞机恢复到原来的状态，这就是具有横向稳定性；反之，则没有横向稳定性，如图 2-29 所示。

图 2-28 飞机方向稳定性

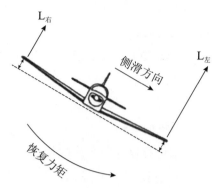

图 2-29 飞机横向稳定性

2.2 固定翼无人机

无人机平台是整个无人机系统的重要组成部分，不同的无人机平台最显著的特征就是其所具有的特殊外形。当然，不同类型的无人机平台所涉及的组织结构、气动布局、运行原理也都不尽相同。根据无人机的形状，可将无人机分为固定翼无人机和旋翼类无人机两类。旋翼类无人机又可根据旋翼的数量分为单旋翼无人机和多旋翼无人机。随着无人机行业的发展，诞生了一种新的无人机——复合构型无人机，就是将固定翼无人机和旋翼类无人机相结合，将两者的优缺点互补，使其能够更好地将无人机应用到一些特有行业之中，发挥无人机的最大优势。

2.2.1 固定翼无人机的组成及其功能

固定翼无人机的结构主要由机身、机翼、尾翼、动力装置、起降装置五个主要部分组成，这五个主要部分里包含很多组成部件。固定翼无人机的结构组成如图 2-30 所示。

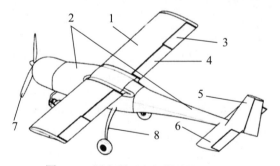

图 2-30 固定翼无人机的结构组成

1—机翼；2—机身；3—副翼；4—襟翼；5—垂直尾翼；6—水平尾翼；7—螺旋桨；8—起落架

1. 机翼

机翼是固定翼无人机在飞行过程中升力的来源,是固定翼无人机的重要组成部分。机翼除了为固定翼无人机提供升力外,还要负责控制无人机的横滚运动,而且合理的机翼结构设计还能起到稳定无人机姿态的作用。

在固定翼无人机的机翼上一般会安装副翼、襟翼、油箱、起落架、发动机等重要的无人机结构部件。操纵副翼便可实现无人机的横滚运动。放下襟翼时可以增大无人机的升力系数,提高无人低速运动时(一般在起飞和降落过程中使用)的升力。由于机翼的内部是翼梁、桁条、纵墙、翼肋等框架结构,再覆之蒙皮组成的,所以内部有大量可以利用的空间。因此对于固定翼载人飞行器和大型的固定翼无人机而言,由于机翼比较大,所以一般都会把油箱放在机翼的内部。而对于较小的无人机而言,由于机翼体积太小,机翼内部空间也比较小,需要在有限的空间上增加机翼的强度,所以一般不会再在机翼内部设计油箱或者其他部件。由于机翼需要为飞行器提供升力,导致整个飞行器的重力都需要机翼来承载,因此机翼在设计时要有足够的强度,来满足飞行器在飞行过程中所承受的各种力矩。对于机翼而言,能够承载飞行器上所有的载荷只是对机翼最基本的强度要求,因此完全可以将较大的发动机安装在看起来轻薄的机翼上。对于有些飞机而言,机身设计得比较窄,如果将起落装置安装在机身上,一方面会占用机身十分有限的空间,进而影响到飞机机身的装载能力,另一方面也会导致飞行器在起飞和降落过程中,降低轮胎接触地面时候的机身稳定性,所以设计者会整体考虑飞行器的用途、机身大小,从而选择是否将起落装置安装在飞机的机翼下面。

根据固定翼无人机的用途不同,其机翼也会被设计成不同的形状、大小。

2. 机身

机身是整个飞行器的主体,主要作用是搭载飞行员、乘务员、旅客以及装载各种武器设备、航空货物等。对无人机和载人飞机而言,机身都是搭载任务载荷的主体。此外,机身对于飞行器而言还有一个最重要的作用,就是将飞机上的各个部件,如机身两侧的机翼、后部的尾翼、部分机型的发动机、起落架连接起来,使其成为一个整体。

3. 尾翼

对于一般的固定翼飞行器而言,尾翼中含有垂直尾翼和水平尾翼,无论是垂直尾翼还是水平尾翼,都是由一个固定的安定面和一个可以操纵的舵面构成的。有了尾翼就可以对飞机进行俯仰和方向上的控制。操纵水平尾翼的舵面,可以实现固定翼飞行器的俯仰运动,水平尾翼的舵面通常被称为飞行器的升降舵。操纵垂直尾翼的舵面,可以实现固定翼飞行器在水平方向上的运动,从而改变航向。垂直尾翼的舵面通常也被称为飞行器的方向舵,一些飞行器会将方向舵与起落架连接起来,设置成同步运动的形式,这样一来在飞行器降落后,起落架与地面接触时,仅通过控制方向舵就可以实现飞行器在水平方向上的运动,矫正滑行时的航向。

当然，垂直尾翼和水平尾翼只是基础的尾翼结构，对于一些需要有高速运行的飞行器而言，设计者会将水平尾翼中的安定面和舵面合成一个一体式的全动平尾，甚至有一些飞行器会直接取消尾翼中垂直尾翼的结构，将水平尾翼和副翼结合起来，通过同时实现横滚和升降运动，从而达到改变飞行器航向的功能。

4. 动力装置

顾名思义，动力装置就是为飞行器提供动力的装置，一般的动力装置都是由发动机带动螺旋桨或涡扇转动（涡喷发动机除外），为飞行器提供向前的拉力、向后的推力，目的都是给飞行器一个向前的力，从而让固定翼飞机拥有向前的速度，进而产生升力。

5. 起落装置

飞行器的起落装置在飞行器起飞时通过轮胎在跑道上滑跑，减小摩擦力，从而快速提高飞行器的速度，更快地达到飞行器的起飞速度。在飞行器降落时，起落装置接地可以帮助驾驶员快速稳定飞机的姿态。在滑跑的过程中，轮胎一般会有辅助的刹车装置，能够快速降低飞行器的速度，飞行员也需要通过起落装置来校准飞行器在跑道上的航向。飞行器在停放的时候，都是起落装置在支撑着整架飞行器。

当然，飞行器上除了这五个基础的部分之外，根据飞机执行的任务需要实现的不同操作，在飞行器上还会搭载一些其他设备，例如各种仪表、通信设备、领航设备、安全设备等。

2.2.2 固定翼无人机的结构特点及分类

1. 机翼的结构组成

机翼是固定翼无人机的主要承力构件。对于大型的固定翼无人机以及载人固定翼飞机，机翼主要由翼梁、纵墙、桁条、翼肋等结构部件和外表的蒙皮组成，如图 2-31 所示。

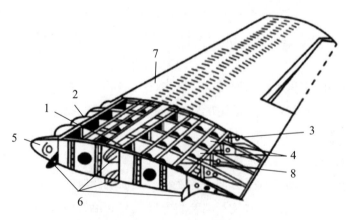

图 2-31　机翼的结构

1—翼梁；2—前纵墙；3—后纵墙；4—翼肋；5—加强翼肋；6—对接接头；7—蒙皮；8—桁条

（1）翼梁。翼梁是机翼中主要承受弯矩和剪力的重要构件。翼梁主要有腹板式、桁架式和整体式三种。

①腹板式翼梁。如图 2-32 所示，翼梁上下两端分别是两根缘条，中间夹着的一层板称为腹板，腹板和缘条之间通过铆接的形式相连，形成了腹板式翼梁。缘条一般会采用质地较硬的铝合金或其他质量轻且结构强度较大的合金材料制成，横截面一般多为工字形或者 T 形，目的就是减轻其质量的同时又能承受比较大的弯矩和剪力。腹板一般会采用硬铝板制成，为了增强翼梁的结构强度，有时会在比较薄的腹板上增加一些支柱，起到增强翼梁的抗剪稳定性和连接翼肋的作用。当然，为了合理地利用材料和减轻机翼的结构重量，缘条和腹板的截面积一般在翼根处较大，翼尖处较小，翼梁的厚度沿着翼尖方向逐渐变小。

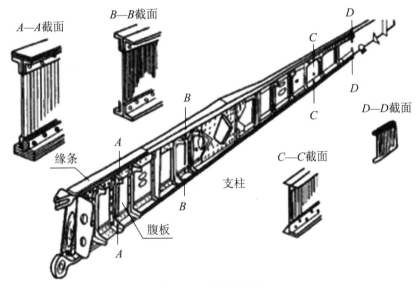

图 2-32　腹板式翼梁

腹板式翼梁能够很好地利用机翼的结构高度来减轻翼梁的重量，同时又能够承受相应的力矩和剪力，而且生存能力较强，制造起来比较方便，所以现代飞行器采用腹板式金属翼梁的比较多。

②桁架式翼梁。一般用在机翼翼型比较厚的低速重型固定翼飞机上，常常会采用如图 2-33 所示的桁架式翼梁。桁架式翼梁由上下缘条和许多直支柱、斜支柱连接而成，像一座铁路桥的框架一样。采用这种结构的好处是在翼梁受剪力时，缘条之间的直支柱和斜支柱会将力分散，从而能够承受更大的拉力和压力。缘条和支柱的材料，一般会采用铝制合金管或钢管制成，有的则会使用厚壁开口型材制成，进一步减轻其重量。

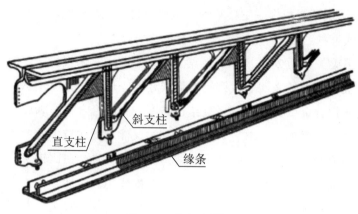

图 2-33　桁架式翼梁

③整体式翼梁。如图 2-34 所示，某些飞机上会采用整体式的翼梁结构。整体式翼梁实际上是一种用高强度的合金钢锻制成的腹板式翼梁，没有缘条、支柱以及腹板这样的结构，采用一体成型的制造方式，外形同样会采用工字形加强结构。整体式翼梁的优点是：刚度强度较大，截面积的尺寸可以更好地符合等强度要求，可以进行批量化生产，中间不需要过多的铆接结构，但缺点是其重量一般会比腹板式翼梁和桁架式翼梁要大。

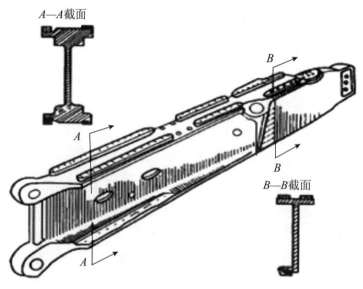

图 2-34　整体式翼梁

（2）纵墙。纵墙主要是承受机翼的纵向受力，所以称之为纵墙。纵墙分为前纵墙和后纵墙。图 2-35 所示是纵墙最常见的结构形式和横截面的形状。从构造上看，纵墙与翼梁的结构很相似，但是纵墙的缘条相比横梁的缘条要显得弱小很多，相对比较"细"一些。

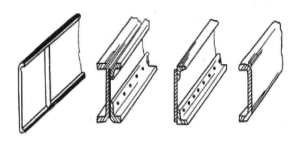

图 2-35　纵墙的结构方案

　　纵墙一般采用 L 形或者是工字形的加强结构，与机身通过铰接连接。纵墙一般不能承受弯矩，腹板主要是用来承受剪力，并将剪力传递到连接接头，与蒙皮和其他腹板（如梁腹板）共同组成一个封闭的盒段，以承受翼面传递的扭矩。纵墙可以把机翼翼盒与机翼前缘后缘的增升装置分开，同时又可以对蒙皮起到支持作用，从而提高了蒙皮的屈曲承载能力。通常，因为纵墙本身相比于翼梁就比较细，可以看作翼梁的增强部件，所以纵墙腹板上一般没有减轻孔。为了提高失稳临界应力，腹板会采用型材支柱进行加强。

　　（3）桁条。桁条是一种质地较薄的长条形构件，所以也可以称为长桁，桁条与蒙皮和翼肋相连。在桁条的外部会覆上蒙皮，所以桁条有一个重要的作用就是给蒙皮提供一个铆接的位置，用来支撑蒙皮，牢牢地将蒙皮固定在机翼上，防止蒙皮的局部在承受空气动力时产生比较大的局部变形，并且桁条可以与蒙皮一起把受到的空气动力所产生的力传递给翼肋，从而提高蒙皮的抗剪和抗压稳定性，使它能够更好地承受机翼的扭矩和弯矩，与蒙皮一起承受由弯矩引起的轴向力。

　　因为桁条的质地比较薄，所以需要采用弯折的形式来增强它的结构强度。按照桁条制造的方法，可以分为弯板型材和挤压型材，剖面图如图 2-36 所示。弯板型材的桁条一般会采用梁式机翼，而挤压型材的桁条多用于单块式机翼。

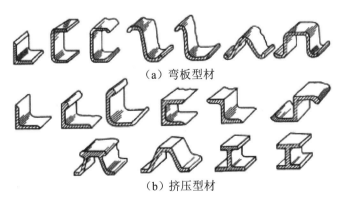

（a）弯板型材

（b）挤压型材

图 2-36　桁条

　　（4）翼肋。翼肋是组成机翼骨架的横向构件，沿着翼弦的方向布置。翼肋按照其构造的形式可以分为腹板式和结构式两种，按照翼肋的功能又可以分成普通翼肋和加强翼肋，如图 2-37 所示。翼肋需要和翼梁的腹板进行连接，所以通常将翼肋分成前段、中段、后段三部分。

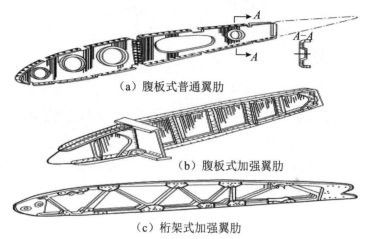

（a）腹板式普通翼肋

（b）腹板式加强翼肋

（c）桁架式加强翼肋

图 2-37　翼肋构造

普通翼肋的主要功能就是维持机翼的翼型。支持蒙皮、桁条与梁腹板，更好地提高它们之间连接的稳定性；同时又可以把蒙皮和桁条传给它的局部空气动力再传递给梁腹板，而把局部空气动力形成的扭矩，通过铆钉连接的形式再次传递给蒙皮和梁腹板。

加强翼肋除了具有普通翼肋的上述作用之外，还要承受和传递更大的集中载荷。所以在开口端部或翼根部的加强翼肋，其主要功能是把机翼盒段上由一圈闭合剪流构成的扭矩转换成一对垂直力构成的力偶，分别传给翼梁或机身加强框。

普通翼肋通常会较多采用腹板式。目的就是为了减轻翼肋的重量以及为其他构件（如传动钢索）提供一个通道，而在梁腹板上一般会开有减轻孔；但是为了更好地提高翼肋的稳定性和刚度，在减轻孔的孔边会带有弯边，为减轻孔增加结构强度；在梁腹板上还常压有一些凹槽作为加强筋，它的作用类似于弱支柱，也可以起到增加梁腹板稳定性和刚度的作用。

为了承受较大的集中载荷，加强翼肋的腹板较厚，有时还采用双层腹板，或者在腹板上用支柱加强。

（5）蒙皮。早期机翼的蒙皮材料多为帆布材料，后来随着战争的发展以及飞机的性能要求开始采用金属制成的蒙皮。现在随着材料的发展，很多小型的固定翼飞机和无人机的蒙皮开始使用高分子材料制成，质量更轻，表面也更为光滑。

布质蒙皮机翼仅在老式飞机和少数的一些小型飞机上采用。而采用合金材料的金属蒙皮被广泛用于现代民航飞机的机翼上。

按照金属蒙皮的构造及要求，蒙皮的形式可以分为单层蒙皮和夹层蒙皮。大多数的单层蒙皮由包铝板制成，其厚度从零点几毫米到十几毫米不等。而夹层蒙皮通常由铝合金面板与铝蜂窝芯板胶接而成，采用蜂窝结构可以更好地增强蒙皮的结构强度。

　　另外，蒙皮可以与桁条组合构成机翼壁板。机翼壁板又可以分为组合式和整体式的壁板两种。组合式壁板是由较厚的蒙皮与桁条铆接形成的，而整体壁板是将蒙皮和加强筋（桁条、肋缘条等）合为一体，由同样的材料整体加工而成，如图2-38所示。

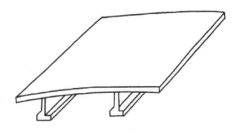

图 2-38　整体壁板蒙皮

2. 机翼的结构形式

　　固定翼飞行器，其机翼的结构和形状主要受该飞行器的尺寸、重量、用途以及达到在飞行和着陆过程中所要求的速度、爬升率等各种因素的影响。所以，机翼会存在多种结构的形式。一般地，可以根据蒙皮、桁条、翼梁、缘条等结构参与承受弯矩的能力，把机翼分为梁式机翼和整体式机翼两种。

　　（1）梁式机翼。在固定翼飞行器上，如果弯矩主要由翼梁的缘条所承受，以翼梁的缘条为主体，那么这种机翼就称为梁式机翼。在梁式机翼中，桁条本身比较弱，蒙皮也比较薄。剪力主要由翼梁腹板所承受，则扭矩主要由蒙皮与前、后梁或纵墙腹板所形成的盒形结构承受。作用在外翼剖面上的剪力和扭矩在机翼根部传给机身加强框。

　　梁式机翼的结构特点是拥有一根或者数根结构很强的翼梁，但是蒙皮会很薄，长桁的数量比较少，而且强度比较弱。

　　一般根据翼梁数量的多少，又可以把梁式机翼分为单梁式和双梁式两种。

　　①单梁式机翼。翼梁（也称为主梁）一般会装在机翼的最大厚度处，如图2-39（a）所示。其目的是使机翼能更好地承受扭矩和水平方向的弯矩，并便于在机翼上固定副翼和襟翼。除此之外，它还装有一根或两根纵墙，也称为辅助翼梁。纵墙的强度很弱，在机翼结构中承受的弯矩很小。

　　单梁式机翼的优点是翼梁充分利用了机翼的结构高度（即缘条的截面重心离中性轴较远），因而结构重量较轻。但是，由于受到主梁位置的影响，机翼内部容积不容易得到较好的利用。

　　②双梁式机翼。有前、后两根梁，前梁一般布置在弦长的五分之一处，而后梁一般会设置在后缘的五分之二弦长处，因为机翼的后缘要加装襟翼以及副翼等结构，如图2-39（b）所示。通常，前梁的横截面面积、截面高度和惯性矩都会比后梁的大。这

种机翼结构的内部空间较大，能够合理地设计并利用空间，方便用来放置起落架和油箱等。但它的翼梁并没有充分地利用机翼的结构高度，因此在同样的载荷、尺寸和材料等条件下，双梁式机翼要比单梁式机翼重很多。

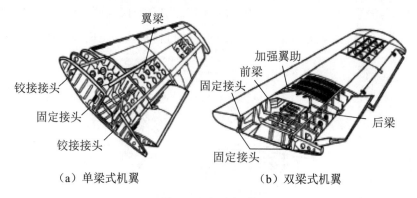

（a）单梁式机翼　　　　　　　　（b）双梁式机翼

图 2-39　梁式机翼

机翼总体弯矩主要由翼梁承担是梁式机翼的承力特点。另外，蒙皮也会参与承受扭矩。桁条的作用是和蒙皮共用承受局部的气动载荷，并且进一步提高蒙皮抗剪的稳定性，让其能够更好地承受扭矩。

梁式机翼的优点：机翼上便于开口，有很多对接接头，让机翼与机身连接变得更加简单快捷，对于部分固定翼无人机和载人飞机，可以将机身与机翼拆卸，尤其对于固定翼无人机，方便其运输、户外作业以及设备的存储。

梁式机翼的缺点：梁式机翼的生存力比较差，蒙皮也比较薄，在飞行速度进一步提高的情况下，机翼本身不能够保证局部刚度和机翼扭转刚度，所以不支持高速飞行。

（2）整体式机翼。整体式机翼又可以分为单块式机翼和多腹板式机翼。如果机翼上腹板的数量比较少，而且腹板缘条能够承受弯矩的能力也比较弱，这样的整体式机翼就称为单块式机翼。

在单块式机翼中，可以使用纵墙来代替翼梁，因为它只承受剪力；扭矩也会由后纵墙和蒙皮形之间所成的盒形结构承受；剪力和扭矩则会传给中央翼与机身加强框的连接接头；来自两侧外翼的弯矩在中央翼上自身平衡。

多腹板式机翼有较多的纵向梁和纵墙，但其缘条相对较强，弯矩由缘条和蒙皮共同承受，所以此种机翼常常在超高速飞行的飞机上使用。

单块式机翼如图 2-40 所示。翼梁缘条的强度不很高，蒙皮较厚，桁条的数量比较多，蒙皮和桁条共同组成机翼上、下壁板，一起承担机翼上总体产生的弯矩，这是单块式机翼的结构特点。

单块式机翼的优点是蒙皮比较厚，而且局部的刚度和扭转刚度比较大，导致受力的构件比较分散，好处是其生存能力比较强，缺点是机翼的结构导致不便开口，机翼和机身连接的接头比较复杂，一般机翼与飞机连接好之后，轻易不会进行拆卸。

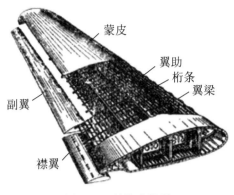

图 2-40　单块式机翼

（3）复合结构机翼。为了能够充分地利用梁式机翼和单块式机翼各自的优点，避免它们各自的缺点，目前许多固定翼飞行器的机翼会采用一种将梁式和单块式复合起来的新型机翼结构。即在靠近翼根且要开舱口的一小部分地方采用梁式结构，在其余部分则继续采用单块式的结构。但是在这种复合式的结构里，单块式部分的受力依然是分散的，梁式结构部分的受力也依然是集中在一起的。所以为了把单块式机翼部分的各构件分散承受的力集中起来传递到梁式部分的翼梁上去，在单块式结构过渡到梁式结构的地方，通常都要安装一些加强构件，如加强内蒙皮等，这样才能把两部分的受力构件更好地连接起来。

3. 机身

机身的受力结构与机翼的内部结构十分相似，同样也包括内部的主要骨架、骨架外部的蒙皮，以及连接的接头。

机身的骨架有沿机体纵轴方向的桁梁、桁条和沿横轴方向的隔框。通过拼接，把平面的板材组合成具有飞机机型立体形状的三维结构（图 2-41）。

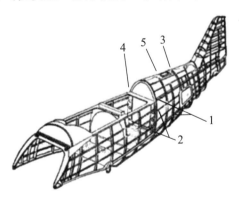

图 2-41　横梁式机身

1- 桁梁；2- 桁条；3- 蒙皮；4- 加强隔框；5- 普通隔框

（1）桁条与桁梁。

固定翼机身的骨架结构也存在桁梁与桁条，这一点与机翼的结构相似。事实上，固定翼飞行器的骨架结构都是很相似的，都是在 X、Y、Z 三个维度上进行拼接，从而形成立体结构，只是整体的外形不同。

（2）隔框。

隔框在固定翼无人机机身当中起到连接机身桁条以及加强机身结构强度的作用，除此之外，隔框和机翼骨架结构中的翼肋相似，机身隔框的形状决定了机身剖面的形状，所以机身结构上虽然有很多隔框，但是每一个隔框会有自己的编号，对应着单独的位置，每个隔框的顺序是不能错的，因为隔框直接关系到机身的外形。

图 2-42 所示为机身隔框，隔框根据其作用又分为普通隔框和加强隔框。

① 普通隔框。普通隔框的中间多为中空结构，隔框内部的空间也决定了机身内部的容积，所以隔框一般会采用横截面为 T 形的结构，主要目的就是在增加隔框中空部分面积的同时，又可以增加隔框的结构强度。

② 加强隔框。加强隔框要承受来自机翼、尾翼、起落架以及发动机传递过来的力。所以一般在机翼、尾翼、发动机以及起落架与机身连接的地方会增加加强隔框，在早期的战斗机上会在驾驶员的前方与后方增加壁板式隔框，在增加飞机机体结构强度的同时，又可以起到保护驾驶员安全的作用。

轻型的固定翼无人机一般会采用轻木来制作机翼以及机身的结构部件。

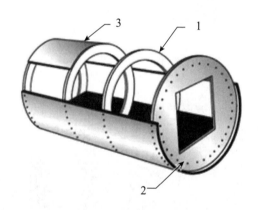

图 2-42　机身隔框
1- 普通隔框；2- 加强隔框；3- 蒙皮

2.2.3　蒙皮的结构特点及分类

飞机蒙皮是指包围在飞机骨架结构外的部件，可以看作飞机的"皮肤"，是飞机气动结构的重要部分。早期的飞机使用的是木质骨架帆皮蒙布（图 2-43），将纺织布包裹在飞机木质或金属的结构上，再涂上不透水、不透气的材料，由于结构轻盈，受天气的影响很大。

第一次世界大战后，各国开始全金属战机的研制，这也催生了飞机蒙皮由布制向金属材料转变。

至第二次世界大战时，虽然仍有部分布制蒙皮的飞机在使用，但金属战机已经成为当时的主流，主要使用不锈钢骨架和铝合金蒙皮（图2-44）。

发展至今，现在人们所熟悉的常规飞机的蒙皮材料主要采用高强铝、镁合金，某些高性能飞机采用钛合金或复合材料（图2-45）。

图2-43　布制蒙皮　　　　图2-44　铝合金蒙皮　　　　图2-45　钛合金蒙皮

对于金属蒙皮，一般使用铆接而不是焊接，这是因为飞机使用的合金材料焊接性能差，容易导致焊接部位不平整，长时间处于震动环境中反而会危害飞机的安全。虽然也有相关技术能够做到合金材料的焊接，但工艺复杂，难以保证稳定性。使用铆接还有一个原因就是维修更换更方便，飞机体积很大，如果动不动就要拆开整架飞机进行维修就过于麻烦了，而铆接只要把有问题的部位直接拆下来即可，不用破坏整架飞机的结构。

飞机的蒙皮需时时注意损伤修理，蒙皮破损会导致飞机的气动性能被破坏，损伤部位强度下降，并且会危及飞行安全。对于出现破损凹陷的蒙皮部位要及时更换修补。除此之外，飞机蒙皮还会受到腐蚀损伤，需要在外面涂上保护层，必要时还会采用金属镀层、表面处理以及阴极保护等专业技术进行腐蚀防护。

2.2.4　尾翼的结构特点及分类

尾翼是固定翼实现俯仰和航向运动的重要部件。尾翼组合中一般包括一个水平尾翼和一个垂直尾翼，分别实现飞机的俯仰和偏转运动。尾翼要想实现对各种运动的控制，必须包含一个安定面和舵面，安定面起到稳定机身姿态的作用，舵面控制飞机的姿态以及运动方向。水平尾翼由固定的水平安定面和可动的升降舵组成；垂直尾翼包括固定的垂直安定面和可动的方向舵，如图2-46所示。

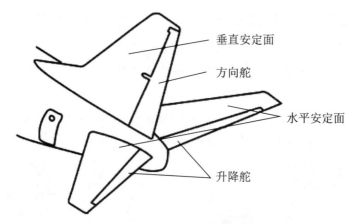

图 2-46　基本的尾翼布局

垂直尾翼对方向的控制：当水平尾翼中的方向舵向左运动时，机尾会在气流的作用下向飞机的右侧运动，机头则会朝着机身的左向运动，所以当方向舵向左运动时，飞机的方向也会向左运动；反之，方向舵向右运动时，飞机则向右侧转弯。

水平尾翼对俯仰的控制：当水平尾翼中的升降舵向上方运动时，水平尾翼会产生"负升力"，此时水平尾翼的上翼面受到的大气压强要大于下翼面所受到的大气压强，所以水平尾翼受到一个向下的力，导致机尾向下运动，机头则会向上运动，迎角增加，飞机的升力也会增加，但是迎角不能超过飞机的临界迎角，否则会造成飞机失速，影响飞行安全；相反，当方向舵向下运动时，水平尾翼会受到一个向上的力，导致机尾向上翘起，机头便会向下，从而减小飞机的迎角。

对于固定翼飞机来讲，尾翼可以按照立尾的数量分为单立尾布局、双立尾布局、V 形尾翼布局、无立尾布局（三角翼布局）。

1. 单立尾布局

单立尾布局是固定翼飞机以及无人机中使用最为常见的一种布局类型，由一个水平尾翼和垂直尾翼组成。

根据垂直尾翼和水平尾翼的相对位置，又可以将其分为常规型布局尾翼、T 形布局尾翼和十字形布局尾翼。

1）常规型布局尾翼

常规型布局尾翼如图 2-47 所示，是人们经常见到的一种尾翼布局，在机身尾部的正中间会竖起一个垂直的安定面及方向舵，这就是用来稳定机身和控制固定翼飞机飞行方向的方向舵；在垂直尾翼的下方，安置水平尾翼，控制飞机的俯仰角度。

2）T 形布局尾翼

T 形布局尾翼如图 2-48 所示，在大型的运输机上一般使用此类尾翼布局。大型运输机需要有很大的载重能力，所以会将机翼设计得很大，在机翼较大的情况下，如果依然采用常规布局，那么流过机翼的气流就会发生紊乱，从而影响到水平尾翼，导致升降舵不灵敏。所以水平尾翼被移到垂直尾翼的上方，这样气流流过机翼时所产生的乱流就不会影响水平尾翼对飞机俯仰的控制。

3）十字形布局尾翼

十字形布局尾翼是一款介于常规型布局尾翼和 T 形布局尾翼之间的一款尾翼，如图 2-49 所示。相对于常规型布局尾翼的飞机，其平尾很巧妙地避开了机身前方机翼和螺旋桨对后方气流产生的影响，同时也能减少震颤。这种形式相对于 T 形布局尾翼，不需要过大的结构强度去满足稳定性，在飞机失速时也可以减弱机翼后方乱流导致的平尾失效。

图 2-47　常规型布局尾翼　　图 2-48　T 形布局尾翼　　图 2-49　十字形布局尾翼

2. 双立尾布局

双立尾布局，主要是指在飞机的尾翼部分不止有一个垂直尾翼，一般会有两个垂直尾翼。

对于军用战机而言，发展到第四代后，尾翼均采用双垂尾设计，这样可有效提升战机飞行时的速度。垂尾主要是利用气动力来稳定前进方向，类似于箭矢尾端的羽翼。单垂尾战机的垂尾高度越高，在迎角飞行时，气动控制越不易受到机身遮挡的影响。但是垂尾也并不是越高越好，垂尾越高对材料的刚度要求越高，材料刚度不够，则会发生操纵效率下降、震颤等问题，同时还会造成机身重量增加，不利于飞机机动飞行。

双垂尾可以避开机身遮挡，使其有效面积更大，极大增强了战机高速飞行时的航向稳定性。此外，舰载机受航母机库的高度限制，双垂尾设计优势更加明显。

双立尾布局通常包括常规双立尾布局尾翼、独立双立尾布局尾翼和 H 形布局尾翼，如图 2-50 所示。

（a）常规双立尾布局尾翼　　　　　　（b）独立双立尾布局尾翼

图 2-50　双立尾布局

(c) H形布局尾翼

图 2-50 （续）

1）常规双立尾布局尾翼

常规双立尾布局的尾翼，就是直接在飞机尾部增加两个垂直尾翼，一般会在拥有两台发动机的战斗机上使用，只有尾翼上有足够的面积时才会使用这种形式。

2）独立双立尾布局尾翼

独立双立尾布局尾翼，一般会使用在采用发动机腰推形式的固定翼无人机上，此类型的无人机大部分的重量集中在机身前部，而后部分的尾翼则通过机身两侧的连接杆与机身相连。

3）H 形布局尾翼

H 形布局尾翼最具代表性的机型就是 An-225，其设计初衷是为了让其能够运载"能源"号运载火箭和"暴风雪"号航天飞机（图 2-51）。因为飞机的上方要搭载大型设备，如果采用常规型的尾翼布局，飞机的机动性就会受到前方物体造成的紊流的影响，所以设计者将 An-225 的垂直尾翼设计成两片，在水平尾翼的两端各有一片，这样一来，水平尾翼所受到的影响便大大降低。作为世界上最大的运输机，An-225 承担了很多大型设备的运输工作。

图 2-51 载着暴风雪号的 An-225

3.V 形尾布局

V 形尾翼兼有垂直尾翼和水平尾翼的功能，所以能同时起到纵向（俯仰）和航向稳定作用。翼面可分为固定的安定面和可活动的舵面两部分，也可做成全动式。当两边舵面做相同方向偏转时，V形尾翼起升降舵作用；分别做不同方向偏转时，尾翼则起方向舵作用。因为V形尾翼独特的设计，所以具有很好的隐身性能，在一些隐身战斗机和无人机（图2-52）上被广泛采用。

图 2-52　"全球鹰"无人机

V形尾相比T形尾减小了尾翼和机身的干扰阻力，所以在相同投影面积的情况下，翼面积更小，摩擦阻力更小，所以在能够实现同等安定性的前提下，V形尾翼的重量也更小。其优点是有利于在尾旋时修正飞机，还能减少飞机进入尾旋的风险。缺点是系统的复杂性和较低的偏航效率，这使得飞机对荷兰滚非常敏感。

4. 无立尾布局（三角翼布局）

无立尾布局也称为三角翼布局，在20世纪50～70年代，战斗机普遍追求高空高速性能。其中，无尾三角翼是采用较多的一种气动布局，例如，美国的F-102、F-106，法国的"幻影"Ⅲ等，图2-53所示为美军的"X-47 B"无人机。此种气动布局的优点是小展弦比、大后掠角的大三角翼，加上这类机翼固有的相对厚度小的优点，减小了其超音速零升阻力。在超音速条件下，无立尾飞机配平阻力也相对较小——在此条件下，和正常布局飞机相比，平尾和无尾飞机升降副翼在相同偏转角度下引起的配平阻力相当，而实际配平时无立尾飞机偏转角度较小。

图 2-53　"X-47 B"无人机

5. 其他尾翼结构布局

类似于 V 形的倒 V 形结构布局，如以色列的 RQ-7"影子"无人机；还有的呈 Y 形结构，如美军的 MQ-9"死神"无人机；以及倒 W 形的"发现者"无人机，如图 2-54 所示。

（a）RQ-7"影子"无人机　　（b）MQ-9"死神"无人机　　（c）"发现者"无人机

图 2-54　其他尾翼结构布局的无人机

2.2.5　起落架的结构特点及布局

起落架是飞机的重要部件，一般由受力支柱、收放装置、减震器、机轮几部分组成。主要功用包括：停机时和滑行、滑跑中支撑飞机；保证飞机在地面灵活运动；减小飞机着陆时的撞击力和颠簸；着陆滑跑中刹车减速等。

1. 起落架的组成

1）支柱

支柱主要是用来支撑飞机和地面接触时的重量，对于一些中小型的无人机，由于其质量较轻，起落架本身还可以充当减震器的作用。

2）收放装置

收放装置的作用是将起落架放下与收回。对于大型的高速飞机，为了减小飞行时的阻力，一般都会使用起落架的收放装置。在起飞之后将起落架收回的机身里，着陆时放下起落架，同时又可以起到固定起落架支柱的作用。

3）减震器

飞机起落架减震装置连接于机身或机翼的承力结构上，用于吸收着陆撞击时的能量，减小撞击力，减弱在滑行和滑跑时的颠簸震动，在提高起降稳定性的同时也可以改善乘坐品质。

在民用飞机上，减震装置通常有弹簧钢式和油气式两种。弹簧钢式减震支柱如图 2-55（a）所示，由弹性钢板制成，可将外部压力吸收后释放出去。油气式减震支柱如图 2-55（b）所示，由内筒（活塞）和外筒构成，内部充以压缩空气和油液。飞机接地时支柱压缩，内部空气迅速吸收接地能量，然后缓慢释放，减小地面对飞机的撞击力；同时，油液通过筒内隔板上的小孔产生摩擦热将着陆能量耗散，减弱飞机颠簸。

（a）弹簧钢式减震支柱　　　　　（b）油气式减震支柱

图 2-55　减震器的类型

4）机轮

机轮是飞机起落架轮式滑行装置的主要部分，由轮毂和轮胎组成，内部还含有刹车装置。

对于大型的固定翼飞机和无人机，轮毂一般由铝镁合金制成，主要起支撑轮胎的作用，通过滚动轴承安装在轮轴上。轮胎不仅保证地面支撑飞机和灵活运动，而且可吸收部分飞机接地能量，并与路面产生摩擦力，以使飞机减速。轮胎工作条件较恶劣，容易遭受磨损和意外损伤，所以应加强检查，必要时更换。而小型的无人机一般机轮比较简单，有些会采用硬质的海绵或者橡胶制成。

2.起落架的类型

按起落架结构和工作特点，其结构主要有摇臂式、支柱套筒式与构架式三种。摇臂式常用于中、小型飞机可收放式起落架，可较好地承受垂直和水平方向的载荷，但结构较复杂，结构重量较大；支柱套筒式多用于中、大型飞机可收放式起落架，能够承受较大的垂直载荷，且结构较简单，重量较小；构架式起落架常用于早期低速飞机，其结构特点是起落架固定，不可收放，结构简单。

1）摇臂式起落架

摇臂式起落架主要是在支柱下端安有一个摇臂，摇臂的一端支柱和减震器相连，另一端与机轮相连，这种结构多用于前起落架，如图 2-56 所示。

摇臂改变了起落架的受力状态和承受迎面撞击的性能，提高了在跑道上的适应性，降低了起落架的高度。构造和工艺比较复杂，重量大，机轮离支柱轴线较远，附加弯矩较大，收藏空间大。

图 2-56　摇臂式起落架

2）支柱套筒式起落架

支柱套筒式起落架的主要特点是：减震器与承力支柱合而为一，机轮直接固定在减震器的活塞杆上。减震支柱上端与机翼的连接形式取决于收放要求。对收放式起落架，撑杆可兼作收放动作筒。扭矩通过扭力臂传递，也可以通过活塞杆与减震支柱的圆筒内壁采用花键连接来传递。这种形式的起落架构造简单紧凑，易于收放，而且重量较小，是现代飞机上广泛采用的形式之一，如图 2-57 所示。

图 2-57　支柱套筒式起落架

3）构架式起落架

构架式起落架由空间杆系组成的桁架结构和机轮组成。构架式起落架的主要特点是通过承力构架将机轮与机翼或机身相连。承力构架中的杆件及减震支柱都是相互铰接的。它们只承受轴向力（沿各自的轴线方向）而不承受弯矩。因此，这种结构的起落架构造简单，重量也较小，在过去的轻型低速飞机上应用得很广泛。但由于难以收放，通常只用在速度不大的轻型飞机或直升机上，如图 2-58 所示。

图 2-58 构架式起落架

3. 起落架的布局

1）前三点式起落架

前三点式起落架如图 2-59（a）所示，指两个主起落架在两边机翼根部下方，另一个起落架（即前起落架）位于飞机头部下方的配置形式。与后三点式起落架比较，前三点式起落架的地面方向稳定性和纵向稳定性都较好，且着陆时前方视线好，着陆滑跑中可较早实施刹车。所以，现代民用飞机广泛采用前三点式起落架。

2）后三点式起落架

后三点式起落架如图 2-59（b）所示，指两个主起落架位于两边机翼根部下方，另一个起落架（即尾轮）位于飞机尾部下方的配置形式。这种配置形式为早期低速飞机和某些轻型飞机所采用，其主要优点是可在强度较低的路面上行进，如经过碾压的草地或土质沙砾跑道。但后三点式起落架的缺点也十分明显，主要表现在地面运动时方向稳定性较差，滑跑中方向不易控制，受干扰后如操纵不当易进入"打地转"状态；地面运动的纵向稳定性较差，着陆时如刹车过早、过猛或未抱紧驾驶杆，可能导致飞机倒立（拿大顶）；着陆时前方视线不好，对着陆技术也要求较高，要求三点应轻轻触地，否则落地后容易发生"弹跳"，此时要抱紧驾驶杆，利用升降舵压住尾轮防止倒立，并保持滑跑方向。

3）自行车式起落架

自行车式起落架如图 2-59（c）所示，适用于一些比较薄的机翼，不能承载过重的力，即使可以布置起落架，也不能将其收回机翼内部；又或者是机翼上需要搭载更为重要的设备，没有地方安装大型的起落架（特别是需要装载大量弹药的轰炸机）。自行车式起落架的两组主轮分别安置在机身下部、飞机重心的前后，另有两对辅助轮对称地安装在左右机翼下面。历史上比较有名的采用自行车式起落架的飞机有 AV-8 鹞式垂直起降攻击机和 U-2 高空侦察机。

不管是采用哪种起落架，都要使飞机头部的高度不低于飞机的尾部。

（a）前三点式起落架　　　（b）后三点式起落架　　　（c）自行车式起落架

图 2-59　摇臂式起落架

2.2.6　气动布局

根据机翼的设计、平尾的有无，以及其前后位置的不同，通常可以将固定翼飞机分为以下四种气动布局：常规气动布局、鸭式气动布局、无尾气动布局、三翼面气动布局。气动布局主要决定飞机的稳定性和操纵性。

1. 常规气动布局

常规气动布局如图 2-60（a）所示，能够比较好地兼顾起飞、着陆等低速飞行性能和高速飞行性能，应用时间最长、范围最广。大多数军用飞机与民用飞机都采用正常布局。

2. 鸭式气动布局

鸭式气动布局如图 2-60（b）所示，是把常规气动布局位于机翼后方的水平尾翼移到了机翼的前方形成的布局，被前置的翼面便被称作"鸭翼"，又称前翼、前置翼。之所以叫鸭翼，是因为其配置在前方，像是鸭子蹼一样。鸭翼的英文名 canard，也是来自法语的鸭子。

鸭式气动布局的优点是可使主翼上方产生涡流，提高飞机在大迎角状态下的升阻比，抑制大迎角下的过度抬头，提高失速攻角，用较小的翼面达到同样的操纵效能，节省发动机推力。

鸭式气动布局的缺点是较容易造成不稳定，需要更严苛的飞控系统来支持；增大了雷达反射面积，牺牲了一部分隐身功能。我国的第五代战斗机 J-20 通过让鸭翼与主翼处在同一水平面，一个上翘，一个下翻，既不耽误耦合又能降低反射率，圆满解决了这一问题。

3. 无尾气动布局

无尾气动布局如图 2-60（c）所示，没有前翼和平尾，飞机的纵向操作和配平依靠机翼后缘的升降舵来实现，控制难度较大。无尾布局的优点是超声阻力小，对提高飞机的隐身性能比较有利。

但是该布局设计有很多鸡肋，一般高机动战斗机不采用这种布局。

4. 三翼面气动布局

三翼面气动布局如图 2-60（d）所示，是在常规气动布局的飞机主翼前机身两侧增加一对鸭翼的布局，这种布局综合了常规式气动布局和鸭翼式气动布局的优点。可以减轻机翼上的载荷，提高升力，保证大迎角时有足够的低头恢复力矩（修正飞机姿态）。三翼面气动布局的缺点是增加前翼而使零升阻力和重量增加，适用于超音速飞机。

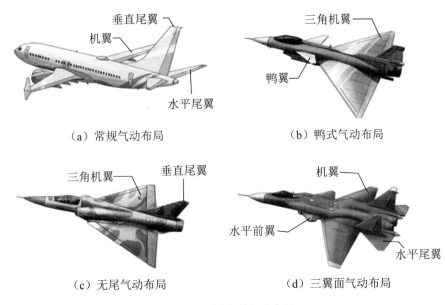

（a）常规气动布局　　　　　　　　（b）鸭式气动布局

（c）无尾气动布局　　　　　　　　（d）三翼面气动布局

图 2-60　固定翼气动布局

2.3　无人直升机

旋翼无人机一般可分为单旋翼带尾桨无人直升机、共轴双旋翼无人直升机、纵列式双旋翼无人机、横列式双旋翼无人机、多旋翼无人机、倾转旋翼无人机、垂直起降固定翼无人机等结构形式。主要特点就是旋翼无人机可垂直起降，利用高速旋转的桨叶产生升力，克服重力从而进行飞行。

2.3.1　单旋翼带尾桨无人直升机

在有人机领域，旋翼机百分之九十以上都是单旋翼带尾桨的结构形式，20 世纪 80 年代，雅马哈生产的植保无人机也是单旋翼带尾桨的结构形式。无人直升机主要的组成部分有机体、动力系统、传动系统、升力系统、操纵系统、起落装置、任务载荷以及部附件设备等系统，如图 2-61 所示。

图 2-61　单旋翼带尾桨无人直升机

1.机体

机体用来承载无人直升机上的所有设备系统,将这些设备系统连接成一个整体,形成一个完整的飞行平台。机体是直升机上非常重要的部分,对飞行性能、操纵性及稳定性有着重要的影响。在使用的过程中,机体除承受了无人机各种装载传来的负荷外,还承受动部件、武器发射和货物吊装传来的动负荷。机体除了安装设备系统之外,还装有蒙皮,这些蒙皮设计有先进的气动性,用来提高无人直升机的飞行性能,提高飞行速度,减小飞行时与空气摩擦带来的阻力及震动。

2.动力系统

无人直升机动力系统主要分为两类:电动动力系统与油动动力系统。

一种是以电能为能源产生动力的发动机,安装这种动力系统的无人直升机称为电动无人直升机。主要由动力电池、电子调速器及无刷电机组成。动力电池输出电能,经电子调速器的控制,由无刷电机将电能转换成机械能。

另一种是以油料为能源产生动力的发动机,安装这种动力系统的无人直升机称为油动无人直升机。油动无人直升机发动机又分为两大类:活塞式发动机与涡轮轴发动机。

轻小型无人直升机大部分使用电动机或活塞式发动机,这种发动机占用的空间较小,可采用垂直安装或水平安装的方式。中大型无人直升机一般采用涡轮轴发动机,这种无人直升机更适合直升机的飞行特点,且输出功率大。

3.传动系统

传动系统的主要功能是将发动机的输出功率传递给升力系统。传动系统主要由主减速器、中间减速器、尾减速器、传动轴、离合器以及旋翼刹车等装置组成。无人直升机在飞行时发动机的转数通常保持稳定,发动机输出的转数高、扭矩小,所以需要减速器将发动机的高转数小扭矩转换成小转数大扭矩输出给升力系统。

主减速器是无人直升机上最大、最复杂、最重要的一个部件,一般由多级齿轮组组成。其除了能减小动力系统输出的转数,增大扭矩之外,还有改变传动方向的功能。传动系统中,离合器与旋翼刹车装置一般安装在主减速器上,所以主减速器还要提供这些装置的安装位置。主减速器的输出端除了向主旋翼输出外,还将一部分功率输出给尾桨。

4. 升力系统

升力系统一般分为两部分：主旋翼和尾桨。主旋翼是无人直升机中唯一产生升力的部件，由桨毂和桨叶组成。尾桨用来平衡主旋翼产生的反扭矩，保持和操纵无人直升机飞行时的机头方向，由尾桨毂和尾桨叶组成。

主旋翼不仅为无人直升机提供升力，还要提供无人直升机飞行时的动力并控制飞行方向，也就是控制无人直升机360°飞行。一般无人直升机主旋翼上的桨叶安装数量为2～8片，沿着垂直于桨叶展向将桨叶截开，所得的截面就是无人直升机的桨叶翼型。与固定翼无人机升力的产生类似，直升机在高速旋转的过程中与空气产生相对运动，由伯努利原理可知，通过改变无人机的翼弦迎角，可改变桨叶上下表面的压差，使上表面压力小于下表面压力，从而获得一个向上的、垂直于桨叶旋转平面的拉力，这个拉力就是无人直升机的升力。无人直升机在前飞时，桨叶产生的拉力方向并不是垂直向上的，这个力向斜上方倾斜，产生向上的升力与无人直升机向前飞或向其他方向飞行时所需的前进力。在飞行时，拉力受很多方面因素影响，形成周期性变化。

在飞行过程中，由于桨叶旋转，桨尖与桨根旋转一周的距离不同，所以桨尖的升力要大于桨根，这时，桨尖与桨根不在同一平面内运动，形成一个类似于底面朝上的旋转锥体，称为旋翼锥体。通过操纵旋翼锥体的底面向不同方向倾斜，实现无人直升机向不同方向飞行。无人直升机的组成部分如图2-62所示，传动系统如图2-63所示。

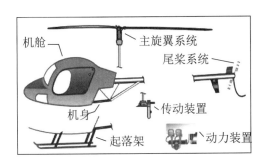

图 2-62　无人直升机的组成部分

图 2-63　无人直升机的传动系统

桨毂是主旋翼的重要组成部件，其结构形式也形态各异。旋翼在旋转产生升力的过程中，桨毂必须具备挥舞铰、摆振铰和变距铰功能，这些功能也是保证无人直升机飞行安全的关键。

1）挥舞铰

当无人直升机向前飞行时，由于机身左右两侧的桨叶与相对气流的运动速度不同，会使机身两侧升力不同。一般将桨叶旋转平面看成一个机头方向为 0°，沿旋翼转向旋转一周后至 360°的桨盘，此时 0°～180°一侧的桨叶为后退桨叶，180°～360°一侧的桨叶为前进桨叶。

前进桨叶由于飞机有前行速度的原因与相对气流产生的升力大于后退桨叶，前进一侧的桨叶会向后退桨叶一侧产生横滚力矩，使无人直升机一直向一侧滚转。设计师们设计出在桨毂上安装可使桨叶上下挥舞的铰接装置来解决这一问题，这种铰接装置称为"挥舞铰"，也叫"水平铰"。图 2-64 所示为直升机两侧桨叶升力不均匀的情况。

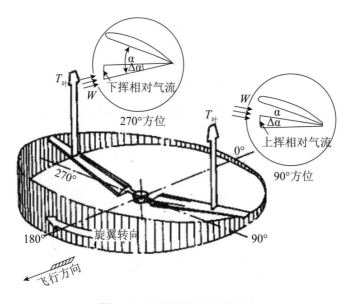

图 2-64　两侧桨叶升力不均匀

单根桨叶从 0°旋转至 360°，再旋转至 0°，一直处于周期性变换中。当桨叶转换到前进桨叶一侧时，桨叶升力变大，向上挥舞，但桨叶向上挥舞过程中，桨叶迎角逐渐减小，升力又会降低；当桨叶转换到后退桨叶一侧时，桨叶升力变小，自然向下挥舞，但桨叶向下挥舞的过程中，桨叶迎角又会逐渐增大。同时，桨叶在旋转的过程中，由于离心力的作用，会向水平方向产生力矩，因此桨叶在周期性变换的过程中，不会无限向上或向下挥舞，挥舞趋势逐渐放缓，且设计师在设计时会加装上限动器及下限动器，以限制桨叶挥舞过大，从而与机身发生碰撞。直升机旋翼工作示意如图 2-65 所示。

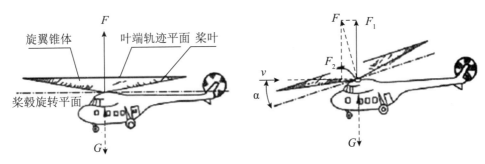

图 2-65　直升机旋翼工作示意

2）摆振铰

旋翼的挥舞铰虽然解决了桨叶上下挥舞时产生的升力不同，与桨叶变形疲劳等问题，但又带来了新问题。前进桨叶向上挥舞，重心逐渐靠近桨盘中心，哥氏力矩会将向上挥舞的桨叶加速旋转，当桨叶进入到后退桨叶时，桨叶重心逐渐远离桨盘中心，哥氏力矩又会使桨叶旋转速度减小。哥氏力矩的变化使桨叶在水平方向前后摆动形成周期性变化，补偿挥舞造成的"科里奥利效应"。

在桨毂与旋翼连接处加装"摆振铰"能解决这一问题。摆振铰也称为"垂直铰"，是将桨叶与桨毂链接之处再加装一个可使桨叶水平方向前后摆动的铰接装置，来减少桨根部位受水平方向的力矩。为了减少桨叶水平摆动的幅度，通常在每片桨叶之间加装阻尼器，使桨叶可小幅度水平摆动，还能防止出现"地面共振"现象，称为减摆器。

3）变距铰

变距铰是在桨叶根部安装的重要装置，也叫"轴向铰"。变距铰的作用是通过操纵系统改变无人直升机桨叶的迎角，实现升力大小的改变，也是人们经常提到的变距运动。

具有挥舞铰、摆振铰以及变距铰的桨毂设计，称为全铰接式旋翼，如图 2-66 所示。除此之外，还有半铰接式、无铰式、无轴承式以及空气螺旋式等。主旋翼为两片桨叶时，桨毂结构通常选用跷跷板式，这种结构方式结构简单，没有摆振铰与减摆器，减轻了无人直升机的重量，没有地面共振问题，许多中小型无人机选用这种结构形式。图 2-67 所示为跷跷板式桨毂。

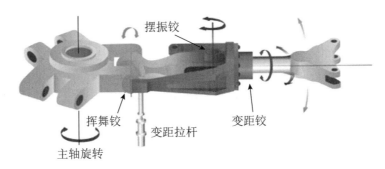

图 2-66　直升机的三种铰

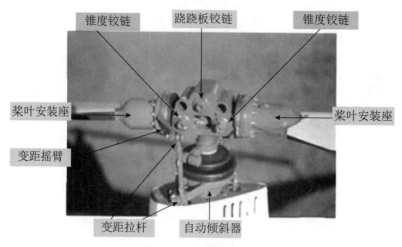

图 2-67　跷跷板式桨毂

尾桨系统是单旋翼无人直升机必不可少的关键系统，它不提供升力，用来抵消主旋翼产生的反扭矩，保证机头朝向。牛顿第三定律讲到："相互作用的两个物体之间的作用力和反作用力总是大小相等，方向相反，作用在同一条直线上。"当主旋翼在空中旋转时，主旋翼会将驱动主旋翼的力矩以相反方向传递给整个机体。如果没有尾桨系统，无人直升机在飞行时将进入旋转状态。因此，在无人直升机尾部加装尾桨系统，向水平方向推动或拉动整个机身，以使无人直升机保持航向平稳。图 2-68 所示为直升机尾桨。

图 2-68　直升机尾桨

尾桨系统也有桨毂与桨叶两部分。飞行时，尾桨的转数基本保持不变，通过改变尾桨的桨距来改变推力或者拉力的大小，从而控制无人机航向上的变化，实现转向功能。

5. 操纵系统

无人直升机通过操纵主旋翼的总距、周期变距来实现无人直升机的上升、下降、前后左右运动；通过尾桨的总距来实现无人直升机的航行方向。

自动倾斜器是无人直升机操纵系统中必不可少的操纵部件，它的内部是一个球轴承，安装在驱动旋翼旋转的主轴上，外部分为动环与不动环。动环与主旋翼的变距拉杆和扭力臂连接,通过扭力臂动环随主旋翼旋转。不动环与舵机伺服上的操纵拉杆连接,随着舵机伺服的操纵进行倾斜变化。

1）总距操纵

总距操纵是所有舵机伺服同时向上或向下,同时带动自动倾斜器整体垂直上移或下移,从而改变主旋翼桨叶迎角的同步变化。桨叶迎角变大或变小,使主旋翼的拉力发生变化,当拉力大于无人直升机重力时,无人直升机上升;当拉力小于无人直升机重力时,无人直升机下降;当拉力等于无人直升机重力时,无人直升机高度保持不变。

桨叶迎角发生改变的同时,所需功率也会发生改变。通常,将无人直升机的油门与总距操纵放置在同一操纵杆上,使无人直升机飞行时能自动比配所需功率,减少操作者负担。图 2-69 所示为桨叶总距变化。

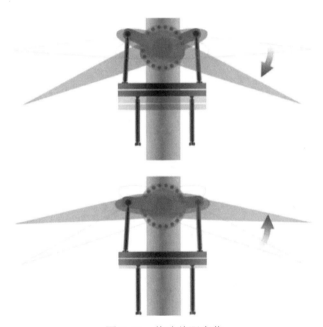

图 2-69　桨叶总距变化

2）周期变距操纵

周期变距操纵用于操纵无人直升机前后左右飞行。通过舵机伺服使自动倾斜器发生倾斜运动,桨叶的变距拉杆在自动倾斜器上发生周期变化,桨叶经过自动倾斜器最高点时,桨叶升力变大,向上挥舞角度最大;桨叶经过自动倾斜器最低点时,桨叶升力变小,向下挥舞角度最大。此时,旋翼锥体会向某一方向进行倾斜,实现无人直升机 360°飞行。

无人直升机旋翼系统上通常装有变距摇臂,使桨叶变距提前 90°。由于陀螺的进动性原理:"当转子高速旋转时,若外力矩作用于外环轴,陀螺仪将绕内环轴转动;若外力矩作用于内环轴,陀螺仪将绕外环轴转动。其转动角速度方向与外力矩作用方向互相垂直"。当操纵无人直升机进行周期变距时,桨叶升力的周期变化并不是立马发生改变,而是会滞后90°。

3)航向操纵

航向操纵是通过改变无人直升机尾桨的总距变化来改变尾桨的拉力或推力的大小,当尾桨的拉力或者推力大于无人直升机的反扭矩力,尾桨绕主旋翼驱动主轴向反扭矩的反方向进行航向旋转;当尾桨的拉力或者推力小于无人直升机反扭矩时,尾桨绕主旋翼驱动主轴向反扭矩的方向进行航向旋转。当尾桨的拉力或者推力等于无人直升机的反扭矩力时,航向保持不变。图2-70所示为尾桨变距。

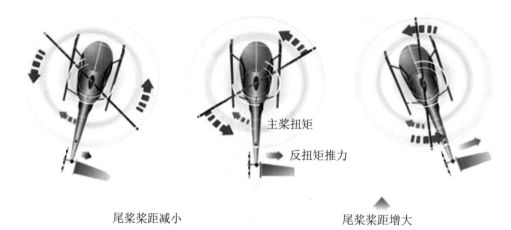

尾桨桨距减小   尾桨桨距增大

图2-70 尾桨变距

6. 起落装置

无人直升机一般装有三点式、滑橇式、四点式起落架。滑橇式起落架结构简单、质量轻,能在多种环境下起飞与降落。无人直升机所装配的滑橇式起落架一般具有吸能作用,来减少无人直升机在降落时产生的冲击力对机体的影响。一些执行特殊任务的无人直升机还会装有重载滑橇式起落架,以防止大载重任务时起落架过度使用,安装浮筒在水上进行作业,安装滑雪板可降落在雪地以及柔软的地面上。

三点式起落架也是无人直升机上较为常见的一种起落架,实现无人直升机在地面上的滑行功能。三点式起落架分为前三点式起落架和后三点式起落架,一般由充气机轮与油气分离式缓震装置组成。前三点式起落架中,在无人直升机前部下边的机轮与缓震装置通常称为前起落架,后侧两机轮与缓震装置称为主起落架;后三点式起落架中,在尾桨下方的机轮与缓震装置称为尾起落架,前侧的两机轮与缓震装置称为主起落架。三点式起落架的前起落架或尾起落架通常能在地面进行旋转,实现无人直升机在地面滑行时的转弯能力。前三点式起落架的无人直升机必须安装尾撑,防止着陆时尾桨触地的飞行事故。图2-71中直-19直升机使用的是三点式起落装置,图2-72中R22直升机使用的是直升机滑橇式起落装置。

图 2-71　直 -19 直升机

图 2-72　R22 直升机

7. 任务载荷

无人直升机的任务载荷系统一般装在无人直升机的旋翼驱动轴附近，防止任务载荷的重量的改变使无人机重心发生偏移。根据无人直升机的飞行特点，无人直升机一般执行短途大载重运输、农药喷洒、定点抛投、中继通信、消防救援等任务。无人直升机在飞行时间、载重、垂直起降、可悬停等方面具有突出优点。其缺点也比较明显，航程短、速度慢、结构复杂、维护成本高，使无人直升机在某些领域难以发挥作用。

无人直升机还应该配有飞控、导航、通信等系统来保证无人机的智能化，辅助操纵人员执行飞行任务。油动无人直升机还应配有发电机，保证无人直升机各用电设备正常工作。

2.3.2　共轴双旋翼无人直升机

共轴双旋翼无人直升机如图 2-73 所示，其布局采用的是上下共轴、规格一致的两副旋翼。两副相同的旋翼通过旋转方向相反的方式来抵消彼此的反扭矩。两副旋翼既是升力面，也是操纵横向和航向的操纵面。

图 2-73　共轴双旋翼无人直升机

比较有代表性的机型是俄罗斯卡莫夫设计局设计的卡 -50、卡 -52 无人直升机。共轴双旋翼无人直升机在未来无人机市场上有较大发展，其在相同功率下，减少了尾桨使用的 10% 以上的功率消耗，有效载荷大于单旋翼无人直升机。飞行更加安全，体积和长度也相对较小，这种无人机能在更小的起飞场地起飞。

共轴双旋翼无人直升机与单旋翼带尾桨无人直升机最直观的区别是前者不需要尾桨来平衡反扭矩，并且两副旋翼都产生相应的升力，而尾桨不产生升力。在同等重量下，共轴双旋翼无人直升机的旋翼尺寸只需为单旋翼带尾桨无人直升机的 70%。共轴双旋翼无人直升机悬停效率要高于单旋翼带尾桨无人直升机，所以在同等条件下，共轴双旋翼无人直升机在实用升限上要高于单旋翼带尾桨无人直升机。

我国对无人直升机的研究起步较晚，第一架共轴双旋翼无人直升机"海鸥"号于1993 年 9 月 29 日首飞成功，标志着我国已经突破了相关领域技术难关。

共轴双旋翼无人直升机相较于单旋翼带尾桨无人直升机各有优劣，但共轴双旋翼无人直升机在悬停及中低速飞行时需要的功率更小，所以在未来，共轴双旋翼无人直升机市场相较于单旋翼带尾桨直升机要更加广阔。

2.4　多旋翼无人机

多旋翼无人机是具有两个以上旋翼的无人旋翼飞行器。目前在无人机行业领域中，由于多旋翼无人机能够自由悬停、承载多种任务载荷等特点，使得多旋翼无人机被更多人选择。

2.4.1　多旋翼无人机的出现及发展

1956 年，由 M.K.Adman 设计出的真正意义上的四旋翼飞行器（Convertawings Model "A"）首次试飞成功。这款四旋翼飞行器的重量在 1000kg 左右，凭借着两个 90 马力的发动机驱动飞行。这款飞行器通过主旋翼推力的改变来实现飞行以及操纵，不再需要垂直于主旋翼的螺旋桨。但是由于当时固定翼飞行器和直升机飞行器发展比较成熟，其在速度、载重量、续航能力等方面都无法与这两种飞行器竞争，因此人们对多旋翼飞行器失去了兴趣，也没有国家和企业愿意对多旋翼飞行器进行研究，随后很长时间多旋翼飞行器都没有出现在大众视野中。

20 世纪 90 年代初，多旋翼飞行器重新出现在大众面前，基于微机电系统（MEMS）的研究，MEMS 惯性导航系统重量仅有几克，使得多旋翼飞行器可以实现较为稳定的飞行。

由于 MEMS 惯性导航系统传感器噪声大，人们又花费了很长时间研究设计降噪和姿态控制算法。2005 年，德国 Microdrones GmbH 公司推出 MD4-200 四旋翼飞行器，搭载的 MikroKopter 多旋翼飞控能使飞行器在空中保持悬停，成为第一架能够实现自主悬停的多旋翼飞行器。

2010 年，法国 Parrot 公司将 AR.Drone 四旋翼无人机推向市场，其一键起飞降落、脱控自动悬停、配备实时图传、一体设计、上手简单等特性，开启了消费级多旋翼无人机时代。同时，电池能量密度提高，在轻载荷下，多旋翼无人机可以达到 15～30min 的续航时间，能够满足日常应用需求、高像素摄像头性能的提升和成本降低，都促进了多旋翼无人机的发展。

到了 2012 年，大疆公司推出第一款到手即飞的多旋翼航拍无人机——Phantom，可以搭载小型相机，被各地航模爱好者和科技爱好者使用，初学者也容易上手，其价格也能被普通消费者接受，一经推出便迅速获得大量好评，彻底改变了多旋翼飞行器市场。

2.4.2　多旋翼无人机的结构

多旋翼无人机的组成可分为六部分，即机架、动力系统、飞控系统、通信系统、任务载荷系统和起落装置。其构造相对于固定翼无人机和无人直升机的构造更加简单，使用与维护也更加方便，图 2-74 为多旋翼无人机。

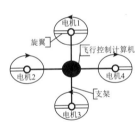  

（a）多旋翼无人机结构　（b）大疆公司的Phantom多旋翼无人机　（c）共轴双桨八旋翼无人机

图 2-74　多旋翼无人机

1. 机架

机架是多旋翼无人机重要的组成部分，机架的布局和材质对无人机有着至关重要的作用，多旋翼无人机机架一般采用对称结构，各部分连接成一个整体的主干部分叫作机架，机架内可以装载必要的控制机件。

多旋翼无人机飞行过程中需要一个稳定坚固的平台，目的是在电机转动过程中吸收电机产生的震动，承受无人机内、外部对无人机产生的载荷，保护设备不被损毁。多旋翼无人机机架还需保证要有足够低的重量，这样可以给安装其他设备提供更多的余量。常见的多旋翼无人机根据螺旋桨数量布局可以分为三旋翼、四旋翼、六旋翼和八旋翼，当然也有一些比较奇怪的布局，如五旋翼。在开源飞行控制程序中通常分为两类：X 型和 I 型，也就是常说的叉形布局和十字形布局。以四旋翼为例，机头和机尾，可以根据机臂上的标志区分，一般情况下，无人机前端两个机臂会用红色等明显颜色。

或者根据机臂下方的指示灯来判断，正常情况下，机头两端机臂的指示灯为红色，机尾两端的指示灯为绿色。

多旋翼无人机机架的材料主要有塑料机架和碳纤维机架两种。塑料机架的密度较小，刚度和硬度较小，制作工艺较简单，甚至随着 3D 打印技术的成熟，使用 3D 打印机就能够将机架一次性打印出来，降低了很多财力物力的损耗；而碳纤维机架也拥有着较小的密度，但是刚度和强度较高，在飞机飞行的过程中还能够起到减震的效果使飞行更加稳定。但碳纤维机架的碳纤维加工比较困难，制作工艺较为复杂。

工业级多旋翼无人机大多采取机架折叠式，以便减少运输、储存时的空间，提高空间利用率。

2. 动力系统

多旋翼无人机大多为电动动力装置，也有极少数多旋翼无人机采用多个活塞发动机的方式，分别为各个螺旋桨提供动力。动力系统的组成及功能将在 2.7 节中详细介绍。

多旋翼无人机也可称作多轴无人机，主要的区别方式在于驱动轴的数量与旋翼的数量。按照桨叶的排布可分为单轴单桨形式和共轴双桨形式。常见的多旋翼无人机布局为单轴单桨形式，这种无人机效率更高，续航时间长；如图 2-74（c）所示为共轴双桨八旋翼无人机，也可称作四轴八旋翼无人机，这种形式的多旋翼无人机在同等级别下，尺寸更小，抗风性能更好。

3. 飞控系统

无人机飞行控制系统简称飞控系统，是无人机在完成起飞、空中飞行、空中作业、返航和降落等整个飞行过程中的主要控制系统，能够自主地完成数据分析、系统逻辑分析、自主采集导航传感数据等，从而实现无人机的自主或者半自主飞行，并以此作为区分航模与无人机的标志，图 2-75 所示为大疆无人机的飞控。飞控系统的数据采集主要由陀螺仪、加速度计、磁力计、气压高度计和超声波传感器等构成。而飞控系统作为无人机的主要控制系统，其优劣直接决定着无人机性能的好坏。

图 2-75　大疆无人机的飞控

无人机飞控系统能分析预先上传好的飞行计划，按照规定的飞行路线自主执行飞行任务。通过飞控系统中加速度计、角速度计、磁力计与 GPS 等传感器感知自身的实时位置与姿态，自动调整无人机的运动航迹，达到完成任务的目的。

陀螺仪用于测试旋转角速度，主要功能是提高无人机的飞行能力。实际应用中陀螺仪对加速度的敏感程度非常重要，振动敏感度是最大的误差源，两轴陀螺仪起到增稳作用，三轴陀螺仪能够自稳。加速度计是测量结构振动或运动加速度的装置，用来测量无人机的线加速度。

有些无人机还使用陀螺仪与加速度计来实现不依赖外部信号、自主进行导航的惯性导航设备。

4．操纵与通信系统

操纵与通信系统是无人机上用来将空中飞行设备与地面操控设备建立实时连接与操控的重要部分。地面操控部分分为遥控器与地面站，如图 2-76 所示。

（a）大疆公司御2无人机遥控器　　　　　　（b）无人机地面站

图 2-76　无人机地面控制设备

1）遥控器

遥控器是无人机最常见的一种操纵设备。遥控器发送飞控手的遥控指令到无人机的接收器上，接收器解码后传给飞控制板，多旋翼进而根据指令做出各种飞行动作。遥控器可以进行一些飞行参数的设置，遥控方式主要分为"美国手"和"日本手"。

（1）"美国手"遥控方式。

① 左手前后推拉摇杆控制油门加减，对应升降，开关打开，油门处于最低处。

② 左手左右推拉摇杆，控制飞机的左右偏转，是方向舵。

③ 右手前后推拉摇杆，控制飞机的俯仰，即机头上下运动。

④ 右手左右推拉摇杆，控制飞机向左或者向右横滚。

（2）"日本手"遥控方式。

① 右手前后推拉摇杆控制油门加减，对应升降，开关打开，油门处于最低处。

② 右手左右推拉摇杆，控制飞机向左或者向右横滚。

③ 左手前后推拉摇杆，控制飞机的俯仰，即机头上下运动。

④ 左手左右推拉摇杆，控制机头左右偏，是方向舵。

常用的无线电频率是 72MHz 与 2.4GHz，目前采用最多的是 2.4GHz 遥控器。2.4GHz 技术属于微波领域，有如下几个优点：频率高、同频概率小、功耗低、体积小、反应迅速、控制精度高。2.4GHz 微波的直线性很好，但控制信号的避让障碍物的性能就差了。控制模型过程中，发射天线应与接收天线有效地形成直线，尽量避免遥控模型与发射机之间有很大的障碍物（如房屋及仓库等）。

一个通道对应一个独立的动作，一般有 6 通道和 10 通道。多旋翼在控制过程中需要控制的动作路数有：上下、左右、前后、旋转，所以最少需要 4 通道遥控器。

2）地面站

地面站是用来与无人机建立实时交互的地面设备，分为硬件部分与软件部分。

硬件部分是计算机与图传、数传收发设备。

地面站软件是多旋翼地面站的重要组成部分。操作员通过地面站系统提供的鼠标、键盘、按钮和操控手柄等外设与地面站软件进行交互。预先规划好本次任务的航迹，对多旋翼无人机飞行过程中的飞行状况和姿态进行实时监控，并修改任务设置以干预飞行。任务完成后还可以对任务的执行记录进行数据分析。可以在地面站上对多旋翼无人机的控制参数进行在线调参。

5. 任务载荷系统

任务载荷系统是无人机执行任务所需要挂载的各种任务设备，可以是武器、摄像头、雷达等。以常见的航拍多旋翼无人机为例，无人机上大多装有云台与摄像头。云台用来减少无人机震动导致的镜头画面抖动，也能接收指令控制镜头上下左右转动；摄像头用来进行拍摄视频或图片等。

多旋翼无人机在设计时通常会计算任务载荷的质量、气动性以及能耗。任务载荷系统的快速发展也推动了无人机在各个领域的发展，使无人机能应用于更多的行业。

6. 起落架

起落架（图 2-77）的功能是使无人机能够进行起飞、着陆、滑行和停放。多旋翼无人机的起落架相对比较简单，不像固定翼无人机那样需要滑跑的机轮与收放、缓震装置，也不需要弹射起飞或降落伞回收。多旋翼无人机一般采用滑橇式起落架，能够减轻着陆时的撞击能量，防止机身与地面摩擦导致损坏；还能防止螺旋桨距地面太近发生碰撞或沙石侵入机身，减轻起飞时的地面效应。

（a）无人机固定起落架

（b）前三点式起落架

图 2-77　不同飞行平台的起落架

2.4.3　多旋翼无人机的控制

现在民用市场基本以多旋翼无人机为主，多旋翼无人机的基本飞行原理是由电机连接螺旋桨，通过高速转动与空气产生相互作用力使气流向下运动，同时产生向上的升力。当升力大于多旋翼无人机本身的重力时，无人机就可以实现上升的动作；反之，当升力小于多旋翼无人机本身的重力时，无人机就开始下降；当升力等于无人机本身的重力时，则无人机处于悬停状态。

多旋翼无人机之所以能产生升力，另一个因素就是伯努利定律。伯努利定律是空气动力学最重要的理论基础，简单来说，就是流体的速度越大，静压力越小；速度越小，静压力越大。当多旋翼无人机的旋翼桨叶在空气中旋转运动时，只要设法使桨叶上部空气流速较快，静压力则较小；桨叶下部空气流速较慢，静压力则较大。当所有桨叶旋转产生的总升力大于或等于多旋翼无人机的总重量时，多旋翼无人机就飞起来了。

以 X 型布局的四旋翼无人机为例：一般情况下，距离最远的两个螺旋桨旋转方向相同，并且与相邻的两个螺旋桨旋转方向相反，因此，多旋翼无人机以平衡状态前飞时，陀螺效应和空气动力扭矩效应全被抵消。多旋翼无人机可以通过调节各个电机的转速来实现 4 个方向上的运动，分别为升降、俯仰、横滚和偏航。

1. 升降

当无人机需要升高飞行高度时，四个螺旋桨同时加速旋转，各个螺旋桨产生的拉力变大，总的拉力也变大，产生更大的升力，无人机就会上升；同理，当飞机需要降低飞行高度时，四个螺旋桨会同时降低转速，无人机也就下降了。

2. 俯仰

当无人机需要向前飞行时，将后侧两个螺旋桨加速旋转，前侧两个螺旋桨减速旋转，此时无人机将会低头，产生俯仰运动，同时，无人机垂直向上的拉力向机头方向倾斜，从而无人机向前飞行。相反，将前侧两个螺旋桨加速旋转，后侧两个螺旋桨减速旋转，此时无人机将会抬头，产生俯仰运动，同时，无人机垂直向上的拉力向机尾方向倾斜，从而无人机向后飞行。

3. 横滚

当飞机需要向左飞行时，将右侧两个螺旋桨加速旋转，左侧两个螺旋桨减速旋转，此时多旋翼无人机将会向左滚转，产生横滚运动，同时，无人机垂直向上的拉力向无人机左侧方向倾斜，从而无人机向左飞行。相反，将左侧两个螺旋桨加速旋转，右侧两个螺旋桨减速旋转，此时多旋翼无人机将会向右滚转，产生横滚运动。同时，无人机垂直向上的拉力向无人机右侧方向倾斜，从而无人机向后飞行。

4. 偏航

当相同转向的螺旋桨加速，另一转向螺旋桨减速，两个转向的反扭矩力无法相互抵消，多旋翼无人机产生自旋，发生偏航运动。

无人机沿各自由度的运动如图 2-78 所示。

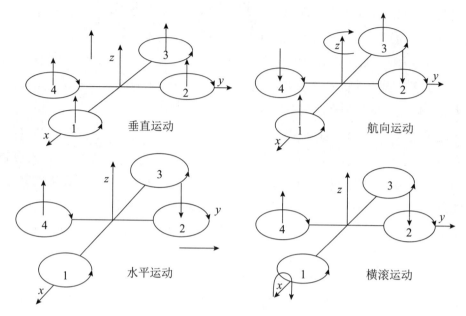

图 2-78　无人机沿各自由度的运动

2.4.4　多旋翼无人机的特点

多旋翼无人机相对于固定翼无人机、无人直升机，其优缺点比较明显，主要有以下几方面。

1. 优点

（1）操控简单，可以悬停。

多旋翼无人机拥有垂直起降的特点，起飞后可以悬停。在操纵时，遥控器操控对应无人机姿态比较清晰明朗。操纵原理简单，在设计飞控时，控制方法和参数调节相对于固定翼无人机与无人直升机简单。飞行时，对场地要求不高，起飞、降落条件没有固定翼那么严苛，在较小的空间内可以执行任务。

（2）结构简单、性能可靠。

多旋翼无人机绝大多数为电动无人机，没有像无人直升机那样复杂的操纵与传动系统，也没有固定翼无人机那样的活动翼面，故障率较低。在检查维修方面，多旋翼无人机零部件相对系统独立，拆装步骤少，便于维修。

2. 缺点

（1）续航时间短。

多旋翼无人机气动效率低，各桨叶间存在气动干扰，升阻比特性不好，且依靠控制转数来调整飞行姿态，能量转换率低，故续航时间短。

（2）承载重量低。

多旋翼无人机不像固定翼无人机、无人直升机，可以增大尺寸来增加承载重量，多旋翼无人机若要增加大小就需要增加桨叶的尺寸，桨叶尺寸越大，改变无人机姿态时就需要越大的扭矩来调整转数，技术难度增加；增加重量就需要增加桨叶的刚性，刚性越大的桨叶越容易折断，增加了飞行时的危险性。

2.5　垂直起降固定翼无人机

垂直起降固定翼无人机是一种既具有固定翼的长航时性能和大负载性能，又具有旋翼无人机垂直起降能力的无人机。垂直起降固定翼无人机操作简单，对于需要执行工作的场地要求较低，功能的可拓展性强，因此广泛应用于巡检、测绘、安防、侦察等领域。

2.5.1　垂直起降固定翼无人机的发展及结构

无人机的发展经历大致可以分为四个阶段：固定翼、单旋翼、多旋翼、垂直起降固定翼。垂直起降固定翼无人机结合了固定翼无人机及旋翼无人机的优势，逐渐成为无人机中的新宠。

由于垂直起降固定翼无人机综合了固定翼以及旋翼机的特点，所以垂直起降固定翼无人机同时具有固定翼无人机以及旋翼无人机的构件，主要包括：机翼、机体、尾翼、发动机、起落装置 5 部分，各部分均可快速拆解以及安装，以方便运输和安装。

1. 机翼

机翼是为飞行器提供主要升力的部件。垂直起降固定翼无人机的机翼与传统型固定翼无人机大致相同，不同点在于其机翼会对称布置电机来提供垂直拉力或前进动力，以便无人机进行垂直起降或平飞。

2. 机体

机体是垂直起降固定翼无人机承载任务载荷与飞控系统的重要部位，大部分垂直起降固定翼无人机提供推力或拉力的动力系统及油料或储能设备（如电池）也会布置于机体。

3. 尾翼

尾翼一般分为水平尾翼和垂直尾翼，尾翼的舵面为垂直起降固定翼无人机的平飞和垂直起降提供了控制力矩，是垂直起降固定翼无人机飞行时的重要结构，但也有部分垂直起降固定翼无人机会舍弃尾翼以达到性能要求，例如飞翼布局无人机。

4. 发动机

垂直起降固定翼无人机的发动机有两个作用，第一是为垂直起降提供拉力，使无人机达到预定高度；第二是为垂直起降固定翼无人机提供在固定翼模式下的推力或拉力，是无人机进行正常工作时必不可少的结构。

5. 起落装置

起落装置是飞机用以停放及起飞的部件，同时起落装置使得机身与地面之间有一个安全距离，因此也有着保护无人机外挂设备的作用。

2.5.2 固定翼多旋翼复合型垂直起降无人机的结构与飞行原理

1. 固定翼多旋翼复合型垂直起降无人机的结构

固定翼多旋翼复合型垂直起降无人机大多采用多旋翼加推进螺旋桨的复合式布局，由于重量、成本、续航等原因，固定翼多旋翼复合型垂直起降无人机多采用四旋翼混合固定翼的形式，四旋翼的中心处在飞机的重心，旋翼发动机通过撑杆与主翼连接，而为无人机的平飞提供推力或拉力的发动机，常位于机头或机尾。从总体上来看，固定翼多旋翼复合型垂直起降无人机就是在常规布局的固定翼无人机的机身上增加四个旋翼改进而来的。

2. 固定翼多旋翼复合型垂直起降无人机的布局

常规布局的固定翼多旋翼复合型垂直起降无人机如图 2-79 所示，采用了常规固定翼无人机在机翼上加装四旋翼的布局，通过这种简单可靠的方式解决了常规固定翼无人机无法垂直起降的问题。

图 2-79　固定翼多旋翼复合型垂直起降无人机

（1）双尾撑常规布局。双尾撑常规布局是常规布局的一种变化种类，一般机身较短，从机翼后缘伸出两个撑杆支撑尾翼，是一种双尾撑后推动力固定翼多旋翼复合型垂直起降无人机。

（2）飞翼布局。飞翼布局的无人机的优点是取消了水平尾翼和垂直尾翼，这样做不仅减轻了无人机本身的结构重量，而且降低了阻力，同时机身就是一个巨大的机翼，使得飞翼布局具有最小阻力、最优载重比、最大升阻比。相比于传统布局，飞翼布局使得其在速度、航程以及经济方面都具有很大的优势。

（3）鸭翼布局。鸭翼布局的固定翼多旋翼复合型垂直起降无人机，采用双桨或者四桨布局、鸭翼布局，使得该机气动性能优异，同时又具备了垂直起降和高速巡航的能力。该机使用螺旋桨及两侧副翼提供的力矩进行全姿态控制，双桨差速进行偏航控制，省去了垂直尾翼舵面，降低了成本。主翼两侧的螺旋桨在飞行过程中产生的后洗气流增加了机翼升力，同时又提高了副翼舵效，增强了垂直起飞时的稳定性。

鸭翼布局具有较大升阻比，大迎角飞行时鸭翼产生的脱体涡能够改善飞机的失速性能，增强飞机的低速稳定性，同时鸭翼布局又能够提高飞机的短距离起降能力，为无人机在各行业的应用提供更灵活的解决方案。

3. 固定翼多旋翼复合型垂直起降无人机的飞行原理

固定翼多旋翼复合型垂直起降无人机以固定翼无人机为基础，增加了多旋翼动力系统，在进行垂直起降和低速飞行时为多旋翼系统模式飞行，由多旋翼系统提供垂直起降所需要的升力，通过多个螺旋桨共同产生的升力及动力进行飞行。而在高速飞行时则使用固定翼动力系统，由前飞发动机提供前进动力，通过机翼等产生的气动升力克服无人机本身的重力进行飞行。

2.5.3 倾转旋翼固定翼垂直起降无人机的结构与飞行原理

1. 倾转旋翼固定翼垂直起降无人机的结构

倾转旋翼固定翼垂直起降无人机的机身结构与固定翼无人机相似，只是在原有基础上增加了一套或多套旋翼倾转机构，从而实现固定翼无人机垂直起飞，如美国的"鹰眼"无人机即属于倾转双旋翼无人机，这款无人机在结构上与传统固定翼无人机近似，通过主翼两端的可倾转旋翼倾转，从而实现垂直起降功能和固定翼巡航功能。

倾转旋翼固定翼垂直起降无人机既有旋翼又有机翼，旋翼不仅可以从垂直位置转向水平位置，从而为飞机提供固定翼模式下的前进力，也可以从水平位置转向竖直位置，为无人机的垂直起降或慢速飞行提供必要的拉力或前进力。

与固定翼多旋翼复合型垂直起降无人机相比，倾转旋翼固定翼垂直起降无人机的结构更简洁，因为倾转旋翼固定翼垂直起降无人机的部分电机是无人机在垂直起降和平飞时共用的，这样就减轻了无人机在飞行过程中的重量，同时也降低了成本。

2.倾转旋翼固定翼垂直起降无人机的布局

（1）倾转双旋翼固定翼垂直起降无人机如图2-80所示，通过机翼两端的旋翼实现垂直起降和固定翼的功能。这种布局的无人机垂直起降时，机翼两端的旋翼会偏转以产生向上拉力，由于机翼位于旋翼下方，所以旋翼所产生的下洗气流会有一部分被机翼阻挡，不仅降低了旋翼效率，还会对无人机稳定性产生一定影响。当飞机进行姿态控制时，需要通过机械结构对旋翼进行偏转以及螺旋桨变距，因此倾转双旋翼固定翼垂直起降无人机的结构非常复杂。

图2-80　倾转双旋翼固定翼垂直起降无人机

（2）倾转三旋翼固定翼垂直起降无人机机翼前部的两个电机可以实现倾转为垂直起降提供动力，后部电机则固定在无人机的中后部。这种倾转三旋翼固定翼垂直起降无人机布局无用重量较少，比较适合轻型结构的电动动力的倾转三旋翼固定翼垂直起降无人机。

（3）倾转四旋翼固定翼垂直起降无人机从外观来看，其结构与常规布局的固定翼多旋翼复合型垂直起降无人机非常像，在垂直起降时，四个旋翼同时出力。在固定翼模式时，四个旋翼会倾转90°，产生向前的拉力。

3.倾转旋翼固定翼垂直起降无人机的飞行原理

倾转旋翼固定翼垂直起降无人机是通过将旋翼倾斜90°为固定翼提供动力来实现飞行状态的改变。

（1）倾转双旋翼固定翼垂直起降无人机飞行原理：发动机和螺旋桨位于机翼两端，并且发动机可以绕机翼轴转动。当无人机为旋翼机模式时，发动机垂直向上产生拉力。当无人机为固定翼模式时，发动机拉力与固定翼飞行方向相同。

（2）倾转三旋翼固定翼垂直起降无人机飞行原理：无人机在垂直起降过程中，通过三旋翼产生垂直向上的升力，靠倾转机翼两侧的发动机偏转或转速变化起到控制无人机姿态以及航向的作用。当无人机处于固定翼模式时，中后部的发动机停止输出动力，位于机翼两侧的发动机为无人机提供向前飞行的动力。

（3）倾转四旋翼固定翼垂直起降无人机具有三种飞行模式：四旋翼飞行模式、倾转过渡飞行模式、固定翼飞行模式。四旋翼飞行模式主要使用在无人机垂直起降过程中，一是爬升准备切换固定翼飞行时，二是垂直降落结束飞行时；倾转过渡飞行模式可以具体细分为两个阶段，一是旋翼轴向前倾转，由四旋翼模式切换至固定翼模式，二是旋翼轴向上倾转，由固定翼模式切换至多旋翼模式；固定翼飞行模式是飞行器巡航工作的飞行模式，在此模式下，飞行器巡航速度快，续航时间长，能够充分完成飞行任务。倾转过渡飞行模式是倾转旋翼无人机飞行过程中最核心的环节，在旋翼倾转过程中，不仅改变了飞行器整体的受力状态，而且飞行器的控制模式、执行机构均随之变化，极易导致飞行器异常甚至坠机，因此保证飞行器在倾转过渡过程中姿态平稳，实现四旋翼模式与固定翼模式之间平滑稳定地进行切换，是研究的重点难点。

2.5.4 尾座式垂直起降固定翼无人机的结构与飞行原理

1. 尾座式垂直起降固定翼无人机的结构

尾座式垂直起降固定翼无人机是一种机尾坐地而机头朝上的无人机，这种构型的无人机与传统的固定翼无人机相比，多出了一套尾部支撑结构。尾座式垂直起降固定翼无人机没有倾转结构，动力系统像传统固定翼一样固定在电机座上。相比于倾转旋翼固定翼无人机，起飞后要将电机偏转90°。尾座式垂直起降固定翼无人机在起飞后将机身偏转90°后进入固定翼模式，这样减少了无人机的机械结构，具有更高的机械可靠性。从总体结构上看，尾座式垂直起降固定翼无人机比固定翼无人机多了一套尾部支撑结构，却省去了固定翼的起落架，因此同尺寸的尾座式垂直起降固定翼无人机可能会比普通固定翼无人机更轻。

2. 尾座式垂直起降固定翼无人机的布局

尾座式垂直起降固定翼无人机如图 2-81 所示，这种无人机在固定翼无人机的基础上增加了尾部支撑结构而省去了起落架，从气动布局来看，尾座式垂直起降固定翼无人机一般为飞翼式布局。

图 2-81 尾座式垂直起降固定翼无人机

3.尾座式垂直起降固定翼无人机的飞行原理

尾座式垂直起降固定翼无人机既没有倾转旋翼无人机的倾转机构，也没有固定翼无人机的起落架，所以需要将飞机竖直立在地面上来实现垂直起飞。尾座式垂直起降固定翼无人机的工作流程可分为三步，第一步是在动力系统的牵引力下垂直起飞，通过螺旋桨产生的气流在舵面上作用，从而实现起飞过程中的姿态控制，达到一定高度后就会进入第二步，全机向前倾斜，进入固定翼的平飞状态进行工作。第三步是降落时，尾座式垂直起降固定翼无人机会先由平飞进入垂直状态，使机头向上，之后通过动力系统降低输出功率，将无人机的下降功率控制在一定范围内以使飞机下降，从而完成降落过程。

2.6 发动机

油动无人机使用的发动机装置主要有两种：活塞式和燃气涡轮式。燃气式涡轮发动机又可以分为四种：涡轮螺旋桨式、涡轮风扇式、涡轮轴式和涡轮喷气式。

2.6.1 航空活塞发动机

从 1903 年莱特兄弟发明的第一架飞行者一号飞机升空，到 1945 年活塞发动机作为主要动力装置，尤其第二次世界大战的催化作用，使活塞发动机技术越来越先进，到二战后期活塞发动机的功率达到了 2500kW，四十年的时间将功率提升 300 倍，同时将飞机的速度由 16km/h 提升到 800km/h。后来由于战争的需要，一些国家开始研制飞行速度更快的战斗机，研发工程师认为飞机不够快，是因为发动机的功率不行，而活塞发动机想要提高功率就要增加气缸的缸数，而增加缸数势必增加发动机的重量，当飞机以亚音速速度飞行时，螺旋桨桨尖速度已经超过了音速，此时飞机会因音障的作用发生失控事故。20 世纪 40 年代以后，在军用飞机和民用客机上用燃气涡轮发动机逐渐替代了活塞发动机，而小功率四冲程活塞发动机比燃气涡轮发动机更省油，所以保留下来，现在的轻型低速飞机上仍然在使用。

1.四冲程活塞航空发动机的组成结构

四冲程活塞航空发动机是一种往复式内燃机，通过螺旋桨高速旋转产生拉力，主要由气缸、连杆、曲轴、气门机构、螺旋桨减速器，以及承载各部件的机匣组成，如图 2-82 所示。

气缸：呈圆柱形状，主要承受混合气体在燃烧之后所产生的压力，活塞发动机气缸的安排形式如图 2-83 所示。

活塞：活塞的基本结构可分为顶部、头部和裙部。头部受混合气体燃烧的压力，在气缸内做往复的直线运动，将燃烧的压力动能转换为机械能。

连杆：连接活塞与曲轴，将活塞往复运动的动能传递给曲轴进行旋转运动。

曲轴：曲轴是发动机功率输出部件，曲轴旋转时通过减速器带动螺旋桨转动产生拉力，和连杆一起将活塞的直线运动转变为旋转运动，将功率传输给螺旋桨。此外，曲轴还可以带动油泵、发电机等附属部件。

气门机构：根据发动机各缸工作循环的要求来控制进气门和排气门的开关。通过进气门打开来完成进气行程，使混合气体进入气缸，在气缸做功完成后，排气门打开，将废气适时地从气缸中排出，使发动机进入下一轮循环。

机匣：和汽车上发动机的缸体一样作为发动机的壳体，除了用来安装气缸和支撑曲轴外，还将发动机所有的机构连接起来，构成一台完整的发动机。

减速器：在曲轴与螺旋桨之间装有减速器，以降低螺旋桨转速，提升扭矩。

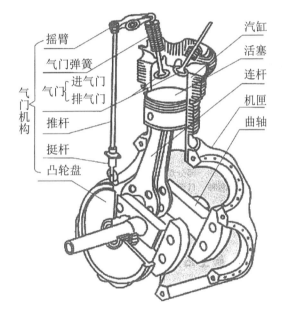

图 2-82　活塞航空发动机的组成结构

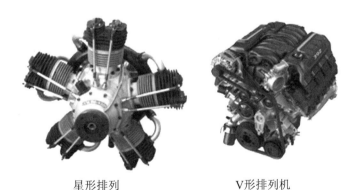

星形排列　　　　　　　　　V形排列机

图 2-83　活塞发动机气缸的排列形式

2. 四冲程航空活塞发动机工作原理

航空活塞发动机大部分是四冲程发动机，其原理是将燃烧的热能转换为机械能的动力输出装置是由四个冲程来完成的。混合气进入气缸后经过压缩、做功（燃烧）、排气，在这几个过程中，活塞从上止点到下止点往复两次。也就是四个冲程，在连续四个冲程中曲轴旋转两圈，气缸内点火一次，如图2-84所示。

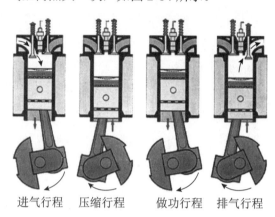

进气行程　压缩行程　做功行程　排气行程

图2-84　四冲程航空活塞发动机工作的原理

3. 四冲程发动机的基本知识

活塞上止点：活塞运动到最顶部，也就是距离曲轴旋转中心最远的位置。

活塞下止点：与上止点相反，活塞运动的最底部，距离曲轴中心最近的位置。

活塞行程：指活塞从下止点移动到上止点的距离，也可以理解成活塞在气缸内移动的最大距离。

燃烧室：活塞到达上止点后其顶部与气缸盖之间的空间，燃料即在此室燃烧。

燃烧室容积：压缩的气体所占有的容积。

气缸全容积：在进气行程中活塞在下止点时，气体在气缸内所占的容积。

气缸工作容积：活塞在从一个止点运动到另一个止点（上止点和下止点）间所扫过的容积。

$$气缸工作容积 = V_{气缸全容积} - V_{燃烧室}$$

压缩比：气缸在下止点时的最大容积与气缸在上止点时的最小容积的比值。

四冲程发动机在工作时，活塞的往复运动会做四项不同的工作，即发动机四个冲程：进气冲程、压缩冲程、做功冲程、排气冲程。

（1）进气冲程。活塞从上止点运动到下止点的过程。此时排气活门关闭，通过气缸内与外界大气压差吸入空气，通过燃油喷嘴将燃油雾化，与外部空气混合成可燃混合气，经进气道或进气门进入气缸内。

（2）压缩冲程。活塞从下止点运动到上止点，当进气过程结束时，曲轴继续带动活塞从下止点向上止点运动，对混合气进行压缩。当活塞运动至接近上止点时，由于气体急剧压缩，分子间作用力增大，温度急剧上升，此时压缩冲程结束，即将点火做功。

（3）做功冲程。在压缩冲程接近上止点时，在气缸盖上方的火花塞开始点火，点火瞬间活塞并没有完全到达上止点，此时曲轴有一个与之对应的角度称为点火提前角。当可燃气被点燃后，气缸内压力及温度迅速增高，推动活塞从上止点运动至下止点。做功时，进气、排气活门均是关闭状态。

（4）排气冲程。活塞从下止点运动至上止点。当做功冲程结束时，排气活门打开。由于可燃气燃烧膨胀，排气活门打开时废气迅速自由排除，降低气缸内压力。由于曲轴继续转动，带动活塞进行向上运动，减少气缸内体积，此时余下废气被强制排出气缸。

4. 活塞发动机的应用

由于活塞发动机功率受到限制，螺旋桨在高速飞行时效率不如燃气发动机，同时高速飞行时螺旋桨高速旋转桨尖会产生激波，噪声也比较大，所以不适合用在高速或者大型飞机上。然而活塞发动机省油、造价低廉，在低速飞行时推进效率比较高，有利于提高飞机起飞的性能，现在活塞发动机主要用在小型、轻型、低速飞机上。例如，景区里的观光游览飞机、农用喷药飞机、近距离支线飞机、消防救援等。

2.6.2　涡轮轴发动机

涡轮轴发动机简称涡轴发动机，是一种输出功率的涡轮喷气式发动机。机体结构主要由进气装置、涡轮、燃烧室、压气机、排气装置构成。其实，涡轮轴发动机与涡轮桨发动机相比，在工作原理和构造上都非常相似，都是由早期涡轮风扇发动机的原理演变而来的，只不过涡轮轴发动机是将涡轮风扇发动机的风扇改变成了无人直升机的旋翼，涡轮桨发动机是将涡轮风扇发动机的风扇改变成了螺旋桨。涡轮轴发动机的特点在于它一般装有自由涡轮、优异的"尺寸效应"、结构紧凑、转速高和能够在较为恶劣的条件下使用。

1. 涡轮轴发动机的发展

法国是最先研究制造涡轮轴发动机的国家。20 世纪 50 年代初，由透博梅卡公司自主研制出一款只有一级离心式的叶轮压气机、两级涡轮的单转子、具有输出功率的用于直升机或短距起降飞机的发动机，该款发动机的功率能够达到 280hp（206kW），成为世界上第一台被用于直升机或者短距起降飞机的航空涡轮轴发动机，并被取名为"阿都斯特 -1"（Artouste-1）。首先安装该款发动机的是由美国生产的 Bell-47 直升机（编号为 XH-13F），首飞于 1954 年。

半个世纪以来，随着产品技术的不断发展、不断改进，涡轮轴发动机已经到了第四代，并处于第五代的研发中，性能、结构也一代比一代优异，功率从最初的 200kW 左右提高到如今的 8970kW 左右，第三代研制于 20 世纪 70 年代，投产于 20 世纪 80 年代，运用的代表机型主要有云雀-3、UH-60A、AH-64A、米-24和卡-52。第四代研发生产于20世纪80年代末、90年代初，代表机型有法、英两国联合研制的RTM322、美国的T800-LHT-800、俄罗斯的TVD1500等。由乌克兰研发的代号为"D-136"的涡轴发动机，起飞功率在7500kW左右，可搭载两台D-136的米-26直升机。目前世界上功率最大的涡轮轴发动机是由乌克兰研发的"AL-136T"发动机，起飞功率能够达到8970kW，采用模块式设计，具有较高的可靠性和较好的经济性。

2. 涡轮轴发动机的组成

图2-85所示为涡轮轴发动机的组成装置，主要有进气装置、涡轮、燃烧室、压气机、排气装置，而大多数的涡轮轴发动机都配备了自由涡轮。

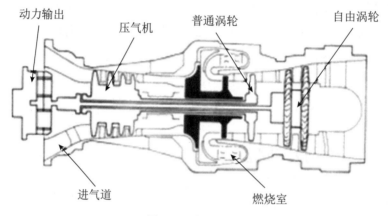

图2-85　机体结构

进气装置：顾名思义，是为发动机内部燃气燃烧而对外界空气进行过滤的装置。因为直升机不具备快速飞行的能力，平飞的最大时速一般在350km/h以下，所以进气装置的内流进气道采用的是收敛型，使气体在收敛型进气道内更好地做加速流动，从而改善流场气流的不均匀性。

涡轮：涡轮的作用是将高温、高压的燃气热能转换成旋转转动的机械能。一般会要求其具有尺寸小、效率高、耐高温等特点，是涡轮轴发动机的重要部件之一。一般是由静止的导向叶片和工作的转动叶轮组成。涡轮的导向叶片在前，工作叶片在后，与压气机恰恰相反。由燃气室提供的燃气，需要先经过导向叶片，由于叶片间收敛型通道的作用，能够提高速度、降低压强，通过燃气的膨胀冲击工作的叶轮，从而使叶轮达到高速旋转的效果。通过现有技术，现代涡轴发动机进入涡轴前的温度可以达到1500℃，涡轮转速能够超过50 000r/min。

燃烧室：燃烧室的作用是为发动机内部提供燃气和空气混合燃烧的地方，一般由火焰筒、外壳组成。工作时，需要由启动点火器将火焰筒内部的混合气点燃，保持稳定的燃烧。有些零件在工作时会因为长时间处于高温、高压的环境下，容易出现翘曲、变形、裂纹、烧穿等故障，所以，涡轮轴发动机的燃烧室通常会采用热强度高、热塑性高的耐高温合金。

压气机：压气机的主要作用是对通过进气道进入发动机的气体进行压缩，增大压强，为燃烧制造出更加有利的条件。涡轮轴发动机的结构经过多次演变，从最初的纯轴流式、单纯离心式、双离心式到如今的离心与轴流混合为一体的组合式压气机。目前，大多数直升机的涡轮轴发动机采用的是若干级轴流加一级离心构成的组合压气机。

排气装置：在排气装置中，为了使燃气在自由涡轮内通过燃烧膨胀更好地做功，通常排气装置会采用圆筒扩散型，使燃气通过燃烧释放的热能可以尽可能多地转换为轴功率。现代的涡轮轴发动机的转换效率能够达到 95% 以上，剩下的 5% 即使没有发生转换，也能够以动能的形式向后喷出，转变成推力。

3. 涡轮轴发动机的工作原理

对于无人直升机而言，发动机是其决定性的部件，续航能力、动力推动、油耗情况、综合表现等，都取决于发动机。

在涡轮轴发动机前面的两级普通涡轮，是为了驱动压气机使发动机保持正常工作。后面的两级是自由涡轮，气体在其中通过燃烧做功，带动传动轴驱动直升机的旋翼旋转，从而为直升机升空提供升力。从涡轮喷出的气体由排气装置通过尾管喷出，产生推力。因为转换推力的效率只有 10% 左右，甚至有时候产生的喷射速度太小，没有任何推力。涡轮轴发动机的喷管可以向上、下或左、右两侧安装，更有利于无人直升机整体系统的设计安排。与无人直升机的另一种动力装置"活塞发动机"相比，涡轮轴发动机的效率要比后者大得多。而且对于发动机产生的功率而言，涡轮轴发动机也更胜一筹。

4. 涡轮轴发动机的应用

涡轮轴发动机主要用于装配直升机或短距起降的飞机，其质量的优劣、功能强大与否、技术先进与否，对这款直升机的综合性能都存在着直接的影响。美国和法国拥有世界上最先进的涡轮轴发动机的技术和生产资源，因此也拥有着众多性能优越的直升机，如美国的黑鹰直升机、法国的海豚系列直升机。

2.6.3　涡轮螺旋桨式发动机

涡轮螺旋桨式发动机又称为涡桨发动机。涡桨发动机是一种常用在固定翼无人机上的发动机，主要由燃气燃烧膨胀，导致压强增大，使螺旋桨转动，从而使固定翼无人机获得前进的推动力，运行原理和活塞发动机大致相同。涡轮螺旋桨式发动机是在燃气涡轮发动机的基础上，增加了螺旋桨及减速器，并且螺旋桨是以恒定的速率运行。涡轮螺旋桨式发动机的主要特点是，将燃气发生器产生的大部分可用能量由动力涡轮吸收并从动力轴上输出，用于带动飞机的螺旋桨旋转；螺旋桨旋转时把空气向后排出，由此产生向前的拉力，使飞机向前飞行。

1. 涡轮螺旋桨式发动机的组成

与一般航空喷气发动机一样，涡桨发动机也有进气装置、压气机、燃烧室、涡轮及排气装置等五大部件，如图2-86所示。

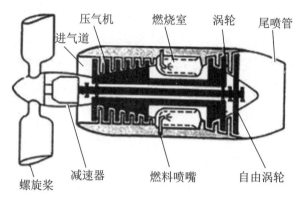

图2-86　涡轮螺旋桨式发动机组成

2. 涡轮螺旋桨式发动机的工作原理

在燃气发生器后加装一套涡轮，燃气在后面的涡轮中膨胀，驱动涡轮高速旋转并发出一定功率，动力涡轮的前轴（又称为动力轴）穿过核心机转子，通过压气机前的减速器驱动螺旋桨，就组成了涡轮螺旋桨式发动机。涡轮出口的燃气在尾喷管中膨胀加速并喷出，产生反作用推力。由于燃气的温度和速度极低，所产生的反作用力（推力）一般比较小，这个推力转换为推进功率时，约占涡轮螺旋桨式发动机功率的10%，正因为排出发动机的能量大大降低了，因此，涡轮螺旋桨式发动机的经济性比较好，而且涡轮螺旋桨式发动机的螺旋桨一般保持恒定的速度旋转。

3. 涡轮螺旋桨式发动机的应用

大多数的涡轮螺旋桨式发动机，动力涡轮与燃气发生器的涡轮是分开的，且以不同的转速工作。由于动力涡轮与核心机没有机械地连成一体，因此也称它为自由涡轮。图2-86即为这种类型的涡轮螺旋桨式发动机。少数的涡轮螺旋桨式发动机，将动力涡轮与燃气发生器的涡轮机械地连接在一起，称为定轴式或单轴式涡轮螺旋桨式发动机。我国自行设计、生产的"运八"运输机所用的"涡桨六"涡轮螺旋桨式发动机、英国"子爵号"四发旅客机用的"达特"涡轮螺旋桨式发动机均为定轴式涡轮螺旋桨式发动机。

2.6.4　涡轮喷气式发动机

1. 涡轮喷气式发动机组成

涡轮喷气式发动机是一种涡轮发动机，其特点是完全依赖燃气流产生推力。现代涡轮喷气式发动机由进气道、压气机、燃烧室、涡轮和喷管组成，如图2-87所示。

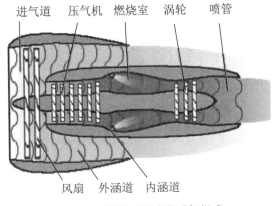

图 2-87　涡轮喷气式发动机组成

1）进气道

进气道就是喷气发动机所需空气的进口和通道。进气道不仅供给发动机一定流量的空气，而且进气流场要保证压气机和燃烧室的正常工作。涡轮喷气式发动机压气机进口流速约为0.4马赫，对流场的不均匀性有严格限制。

2）压气机

压气机由定子叶片与转子叶片相互交错组成，一对定子叶片与转子叶片称为一级，定子固定在发动机框架上，转子由转子轴与涡轮相连。级数越高向后压力越大，当战斗机高重力机动时，流入压气机前级的空气压力骤降，而后级压力很高，此时会出现后级高压空气反向膨胀，发动机工作极不稳定的状况，工程上称为"喘振"。这是发动机最致命的事故，很有可能造成发动机停止工作甚至结构损坏。经验表明，"喘振"多发生在压气机的5、6级，在此区间设置放气环，以使压力出现异常时及时泄压来避免"喘振"的发生。或者将转子轴作成两层同心空筒，分别连接前级低压压气机与涡轮，后级高压压气机与另一组涡轮，两套转子组互相独立，在压力异常时自动调节转速，也可避免"喘振"。

3）燃烧室

空气经过压气机压缩后进入燃烧室与燃油混合燃烧，膨胀做功；紧接着流过涡轮，推动涡轮高速转动。因为涡轮与压气机转子连在同一根轴上，所以压气机与涡轮的转速是一样的。最后，高温高速燃气经过喷管喷出，以反作用力提供动力。燃烧室最初的形式是几个围绕转子轴环状并列的圆筒小燃烧室，每个圆筒都不是密封的，而是在适当的地方开孔，所以整个燃烧室是连通的，后来发展到环形燃烧室，结构紧凑，但是整个流体环境不如筒状燃烧室，还有结合二者优点的组合型。

4）涡轮

涡轮始终工作在极端条件下，对其材料、制造工艺有着极其苛刻的要求。多采用粉末冶金的空心叶片，整体铸造，即所有叶片与页盘一次铸造成型。相比早期每个叶片与页盘都分体铸造，再用榫接起来，省去了大量接头。制造材料多为耐高温合金材料，中空叶片可以通入冷空气以达到降温效果。而为第四代战斗机研制的新型发动机将配备高温性能更加出众的陶瓷粉末冶金的叶片。

5）喷管

喷管的形状结构决定了最终排出的气流的状态，早期的低速发动机采用单纯收敛型喷管，以达到增速的目的。但是这种方式增速是有限的，因为最终气流速度会达到音速，这时出现激波阻止气体速度的增加。而采用收敛 - 扩张喷管，能获得超音速的喷气流。飞机的机动性主要来源于翼面提供的空气动力，当机动性要求很高时，可直接利用喷气流的推力。在喷管口加装燃气舵面或直接采用可偏转喷管是历史上的两种方案，其中后者已经进入实际应用阶段。

在经过涡轮后的高温燃气中仍然含有部分未来得及消耗的氧气，在这样的燃气中继续注入燃油仍然能够燃烧，产生额外的推力。所以某些高性能战机的发动机在涡轮后增加了一个加力燃烧室，以达到在短时间里大幅度提高发动机推力的目的。但是其油耗惊人，一般仅用于起飞或应付激烈的空中缠斗，不可能用于长时间的超音速巡航。

2. 涡轮喷气式发动机的分类

涡轮喷气式发动机分为两种，一种是离心式涡轮喷气发动机，另外一种是轴流式涡轮喷气发动机。

1）离心式涡轮喷气发动机

离心式涡轮喷气发动机于 1930 年由英国人弗兰克·惠特尔爵士发明，但是直到 1941 年装有这种发动机的飞机才第一次飞上天。

所谓离心式，是指发动机的压气机由一块表面密布叶片的圆盘构成。当压气机高速运转时，靠旋转的叶片产生的强大吸力将外部空气吸入，再利用高速的圆周运动形成的巨大离心力，将吸入的空气甩向周围的涵道内壁，并通过预设的导气管将气流导向后方的燃烧室，再与喷油嘴喷出的雾状燃油充分混合后点燃，由此生成的高温、高压燃气以极高的速度向后喷出，并以此驱动燃烧室后的涡轮飞速旋转（旋转的涡轮通过传动轴带动燃烧室前方的压气机，达到维持发动机高效率持续运转的目的），最后高速燃气从尾喷口喷出，为无人机飞行提供足够的推力。

离心式压气机的优势在于单级进气的高效率，缺点是这种结构很难做到多级串联，进而严重限制了发动机动力提升的潜力，因此现在已基本不再使用。

2）轴流式涡轮喷气发动机

轴流式涡轮发动机诞生于德国，并且作为第一种实用喷气战斗机 Me-262 的动力于 1944 年夏投入战场。

所谓轴流式，是指发动机压气机由若干组串联而成的叶片结构组合构成。这种结构通常由两类叶片组成，即可转动的转叶和固定不动的导叶。转叶的作用是通过高速旋转将空气吸入，而导叶的作用是对进入的空气进行整流和引导，以便让发动机的进气更加充分顺畅。相对于离心式，轴流式的优点在于吸进的空气可以直接流向后方，这就为叶片组的多级串联提供了根本保证。虽然单级效率不及离心盘，但更出色的发展潜力却让轴流式成为当今涡轮界当之无愧的绝对主流。不仅是喷气式动力，人们熟知的涡轴、涡桨以及舰用燃气轮机、陆用燃气轮机，也都可基于轴流式核心机（压气机、燃烧室、涡轮）改型研发。可以说，其用途非常广泛，影响力之大超乎很多人的想象。

3. 涡轮喷气式发动机的应用

涡轮喷气式发动机适应范围广，既可应用在高空超音速飞机上，也可应用在低空亚音速飞机上。由于喷气速度高，可长时间高空高速飞行，涡轮喷气式发动机一般用作高速飞机的动力来源，现阶段主要应用在军用飞机领域，小型、不带加力的涡轮喷气式发动机主要用于中高空无人机和靶机、弹道导弹方面，大型、带加力的涡轮喷气式发动机主要用于战斗机方面，例如米格-25。

涡轮喷气式发动机属于燃气涡轮发动机的一种，燃气涡轮发动机是现阶段全球主流航空发动机产品类型。涡轮喷气式发动机存在低速飞行时油耗高的缺点，燃油经济性较差，因此在民用飞机领域以及多数军用飞机领域，涡轮风扇式发动机更具竞争力。但涡轮喷气式发动机推力大、重量轻，高空高速飞行性能优于涡轮风扇式发动机，在部分军用飞机领域仍具有竞争力。

4. 涡轮喷气式发动机的现状与前景

1）涡轮喷气式发动机发展的现状

众所周知，涡轮喷气式发动机的出现为航空领域带来了巨大变化，不仅提高了飞机运行的速度和高度，还进入了超音速的飞行时代，带领航空业进入全新的时代。据调查发现，涡轮喷气式发动机出现于20世纪30年代，随着科学技术的进步，到目前为止，涡轮发动机技术已经发展到第五代，为我国航空领域的发展带来机遇和挑战。

20世纪中期，涡轮喷气式发动机的出现将航空业带入一个新的发展领域。随着科学技术的不断进步，航空管理人员的思想逐渐得到解放，积极引进先进的科学技术，在涡轮喷气式发动机的基础上进行技术创新，发明了加力式涡轮喷气发动机。从整体来讲，前四代涡轮发动机在发展过程中主要以提高推重比为主，而第五代涡轮发动机在创新改革过程中，主要以提高效率和适应性为主，在此过程中我国借鉴其他国家的先进技术，并结合自身的具体情况，进行涡轮发动机技术的研发和改革，降低发动机运行过程中所造成的油耗，提高航空涡轮发动机应用的经济性。

2）涡轮喷气式发动机未来的发展方向

近年来，随着我国科学技术的进步，我国涡轮喷气式发动机技术水平得到了进一步的发展，但是与国外先进国家的发动机技术相比仍然存在一定的差距。涡轮喷气式发动机技术水平的高低直接影响我国航空业的发展，因此，基于全球一体化的背景，加快我国涡轮喷气式发动机技术水平的提升，有利于提高我国综合实力，进而提高我国的国际的地位。

2.6.5 涡轮风扇式发动机

涡轮风扇式发动机简称涡扇（Turbofan）发动机，是由涡轮喷气式发动机发展而来，从结构上涡扇发动机只不过是在涡轮喷气式发动机的基础上在前面和后面加上风扇。随着一些重型运输机和民用客机等机身重量越来越大，需要的推力要求也更高。在涡扇发动机还没有出现之前，大多都是靠加装和挂载更多涡轮喷气式发动机，而涡轮喷气式发动机的推进效率低，能量损失大，油耗高不够经济。提高喷气发动机的直接方法就是提高发动机的进气量，而涡扇发动机就是在需要大推力和更经济的发展要求下诞生的。

1. 涡扇发动机的结构组成

涡扇发动机是由涡扇、低压压气机、高压压气机、燃烧室、驱动压气机的高压涡轮、驱动风扇的低压涡轮和排气系统组成的。

2. 涡扇发动机的原理

与涡轮喷气式发动机相比，其主要特点是首级压缩机的面积更大。涡扇发动机大部分燃烧的燃气能量用来驱动风扇和压气机的扭矩，其余的用来产生推力。涡扇发动机的总推力是核心发动机和风扇产生的推力之和。

涡扇发动机的推力来自两方面：一方面是核心机（高压压气机、燃烧室、高压涡轮）喷出的燃气产生推力；另一方面推力是风扇产生的推力。

涡扇发动机由风扇、低压压气机（高涵比涡扇特有）、高压压气机、燃烧室、驱动压气机的高压涡轮、驱动风扇的低压涡轮和排气系统组成。其中，高压压气机、燃烧室和高压涡轮三部分统称为核心机，由核心机排出的燃气中的可用能量，一部分传给低压涡轮用以驱动风扇，剩余的部分在喷管中用于加速排出燃气。

风扇转子实际上是一级或几级叶片较长的压气机，空气流过风扇后分成两路：一路是内涵气流，空气继续经压气机压缩，在燃烧室和燃油混合燃烧，燃气经涡轮和喷管膨胀，高速从尾喷口排出，产生推力。流经路程为经低压压气机、高压压气机、燃烧室、高压涡轮、低压涡轮，最后从喷管排出；另一路是外涵气流，风扇后空气经外涵道直接排入大气或同内涵燃气一起在喷管排出。由于风扇只能运行在低转速，所以压气机需要更高转速，于是有二转子或三转子涡扇发动机。

单转子：单转子的结构较简单，整个发动机只有一根轴，风扇、压气机、涡轮全都在这一根轴上面。

二转子：为了提高压气机的工作效率和减少发动机在工作中的喘振，研究人员想到用二转子来解决问题，即让发动机低压压气机和高压压气机工作在不同的转速之下。

三转子：就是在二转子发动机上又多了一级风扇转子。这样风扇、高压压气机和低压压气机都自成一个转子，各自都有各自的转速。

三个转子之间没有相对固定的机械连接，如此风扇和低压转子就不用相互将就，而是以各自最合适的转速运转。

3. 涡扇发动机的应用

相比涡轮喷气式发动机，涡扇发动机（图2-88）的优点是在亚音速范围内推力更大，推进效率高、噪声低、燃油消耗低，主要用于重型运输机、民用客机等大型飞机上。涡扇发动机风扇直径大、迎面阻力大、结构复杂，不适合用在超音速战斗飞机上。

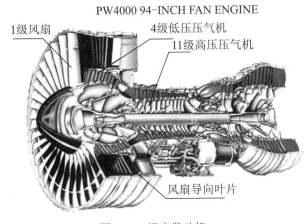

图 2-88　涡扇发动机

2.7　电动系统

无人机的动力系统被称为无人机的心脏，无人机在工作时，需要有源源不断的动力，所以无人机的动力系统的稳定性和可靠性起着至关重要的作用，对无人机来说是不能缺少的一部分。

不同的无人机根据动力来源不同，也可进行区分，目前根据动力来源，无人机主要分为电动无人机和油动无人机。电动无人机的动力来源主要是锂电池，油动无人机的动力来源主要是汽油。

2.7.1　电动无人机

电动无人机主要以电池为动力来源，目前主要用在多旋翼微型无人机上。电动无人机的动力系统主要包括电机、电调、螺旋桨和电池。相较于油动无人机，电动无人机的优点是系统稳定性更强、可靠性更高、震动幅度更小；电池可以重复利用，成本低；环保，不产生任何污染；不受高海拔影响，电机输出功率不受海拔高度影响。但是续航时间弱、载荷低等都是电动无人机目前需要解决的问题。

2.7.2　电机

电机俗称"马达"，是无人机的动力来源，无人机通过改变电机的转速来改变飞行状态，使得无人机能够在空中盘旋，上升下降，或向各方向移动。电机是依据电磁感应定律实现电能转换或传递的一种电磁装置。电机工作时，线圈和换向器旋转，磁钢和碳刷不转，线圈电流方向的交替变化是靠随电机转动的换相器和碳刷来完成的。电机分为有刷电机和无刷电机，如图 2-89 所示。

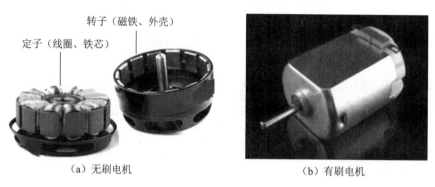

图 2-89　有刷电机与无刷电机

1. 有刷电机

有刷直流电机的永磁体是固定的，主要结构是定子＋转子＋电刷，通过旋转磁场获得转动力矩，从而输出动能。可以绕内部中心旋转。固定侧称为"定子"，旋转侧称为"转子"。电刷与换向器不断接触摩擦，在转动中起到导电和换相作用。

定子：定子主要由定子铁芯、定子绕组和机座等组成。定子铁芯和定子绕组组成了主磁极，其作用为产生气隙磁场。整个主磁极用铆钉固定在机座上。机座主要作用是固定主磁极，并对整个电机起支撑和固定作用，因为机座具有足够的机械强度和良好的导磁性能，所以额外的作用就是充当磁路的一部分。

转子：转子主要由转子铁芯、转轴和换向器组成。转子的主要作用是和定子相互作用，输出转矩。有刷电机的转子带有碳刷，无刷电机不带碳刷，部分电机为了增加散热作用，会安装风扇。转子按照旋转位置分为内转子和外转子，顾名思义，内转子在电机内部旋转，外转子在电机外部旋转。

有刷电机结构简单，技术成熟，生产成本低，起动扭矩大，变速平稳，和减速器、译码器一起使用，使得输出功率更大，控制精度更高。

2. 无刷电机

无刷电机使用方波自控式永磁同步电机，通过霍尔元件，感知永磁体磁极的位置，根据这种感知，使用电子线路，适时切换线圈中电流的方向，保证产生正确方向的磁力来驱动电机。无刷电机正常工作时必须要通过无刷控制器（电调）的控制才能保持不间断的旋转。无刷电机无论是外转子还是内转子，其结构都是磁体，也是由定子和转子共同组成。无刷电机采取电子换向，线圈不动，磁极旋转，消除了有刷电机的缺点。

无刷电机主要由定子＋转子＋位置传感器组成，位置传感器的位置按照转子的位置变化，沿着一定次序对定子绕组的电流进行换流。主要分为磁敏式、光电式和电磁式。

磁敏式位置传感器也称为霍尔传感器，内有一个载流半导体元件，该元件能够以电压变化的形式识别铁磁性物体穿过磁场时产生的磁场强度的变化。霍尔传感器的工作原理也称为霍尔效应。当电流垂直于外磁场通过半导体时，载流子发生偏转，垂直于电流和磁场的方向会产生一附加电场，从而在半导体的两端产生电势差，这一现象就是霍尔效应，这个电势差也被称为霍尔电势差。霍尔效应使用左手定则判断。

光电位置传感器是一种对入射光敏面上的光点位置敏感的光电器件，其输出信号与光点在光敏面上的位置有关，具有灵敏度高、分辨率高、响应速度快和电路配置简单等特点。电磁位置传感器采用电磁感应原理，输入运动速度转换为线圈感应电势输出。将被测物体机械能量变成电信号输出，工作时不需要外加电源，属无源传感器。

有刷电机和无刷电机有很多区别，最简便的辨别方法就是：有刷电机有碳刷，无刷电机没有碳刷（碳电极在线圈接线头上滑动，像刷子一样在物体表面刷，因此叫碳"刷"）。有刷电机的力气相对无刷电机要大，线较少，只有一根正极线和一根负极线。如果电机反转，只要将两根线的位置对调一下就可以完成。但有刷电机噪声较大，存在机械摩擦、换向火花、维修困难等缺点。无刷电机采用半导体开关器件实现电子换向，具有可靠性高、无换向火花、机械噪声低等优点，一般应用在稍大型的飞行器上，载重大，可以有更广泛的用途，弥补了有刷电机的缺点。另外、无刷电机需要交流驱动，要外接电子调速器，可以直流驱动。相较于有刷电机来说，无刷电机更适用于无人机，所以无刷电机广泛应用于无人机领域。

无刷电机主要性能参数包括：规格、KV 值、T 值。例如型号 2312KV960，前两个数字代表电机定子的直径，第 3、4 位数字代表电机定子的高度，23 代表电机定子直径 23mm，12 代表电机定子的高度 12mm。值得注意的是，也有不少无刷电机厂家标注的数据为整机尺寸，也就是 2312 代表整电机直径为 23mm，整电机高度为 12mm。

电机产品型号一般以 KV 值为准。KV960 代表电压每增加 1V，则电机实际转速增加 960r/min。电机是 2216，表示定子外径是 22mm，定子高度是 16mm。定子外径和定子高度与电机的功率成正比，2218 比 2212 的电机定子高度高，功率也大。

T 值表示电机内部的包线匝数，T 值越大，匝数越大，电阻越大，电流越小，效率则越大。

2.7.3 电调

电调的全称为电子调速器，简称 ESC，如图 2-90 所示，主要功能是将飞控板的控制信号转换为电流来控制电机的启停及转速（通过遥控器油门变化实现）。电调主要是将电池的直流输入转变为一定频率的交流输出，进而使无人机进行不同的运动姿态。如果没有电调的存在，飞控板无法承受电池直接提供的电流，也无法驱动电机，因此电调是飞控板连接电机的桥梁。

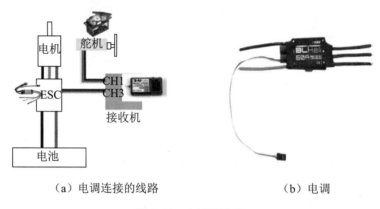

（a）电调连接的线路   （b）电调

图 2-90　电子调速器

根据电机分为有刷电机和无刷电机，电调也可以分为有刷电调和无刷电调。有刷电调就是简单的直流输出，无刷电调就是把直流电转换成为三相交流电。电调输入是直流，可以接稳压电源。有刷电调可以改变电流方向，从而可以改变电机的转动方向。无刷电调是无刷电机取消了碳刷结构，需要能替代碳功能的部件。无刷电调负责将直流电转换为三相电，并根据需要控制其电压电流的大小，从而驱动无刷电机按需要的转速输出。

电调分为分体式电调和四合一电调两种，分体式电调是每个机臂都装有一个电调，维修便宜，哪个损坏了就修哪个，但是接线安装比较麻烦，占用空间大，自身较重。四合一式就是将四个电调合为一块电调，安装在无人机机架中间，价格较高，但是装机方便，性能更加稳定，所以目前四合一电调已成为绝对主流。

2.7.4 螺旋桨

螺旋桨是将电机的旋转动力转换为推力或升力的装置，根据机翼上下表面气流速度的不同,产生了不同的压强、压力,最终产生了升力。为了使机翼上表面气流速度更快,机翼上表面往往比下表面更"凸"。

螺旋桨的材质一般有木质、塑料和碳纤维等。木质的螺旋桨从航空器发明以来,从来没有被抛弃掉,其优点是重量轻、易加工、成本低,缺点则是制作工艺烦琐、成品精度低。木桨在飞行过程中的震动程度比较适中。塑料螺旋桨的优点是易于加工、成本低、模具加工精度高、重量轻,缺点有强度低、易断桨。碳纤维的螺旋桨优点则是重量轻、抗张强度高、耐摩擦,缺点则是碳纤维属于脆性材料,损坏无法修复、加工困难、制作成本高。碳纤维由于本身材质强度高,所以在飞行过程中产生的震动也要比其他几种高一些。

螺旋桨的主要参数有桨体直径、桨叶个数和螺距。桨体直径是指桨尖所画圆的直径,桨体直径大小通常需要用发动机的效率、无人机飞行的速度、螺旋桨的螺距等综合确定,单位一般为英寸。螺旋桨还有两叶桨、三叶桨等,一般认为螺旋桨产生的升力和功率与桨叶数成正比。但是不是随便增加桨叶的数量就能提高升力,要考虑到阻力和续航能力等因素。螺距为桨叶旋转一圈所前进的距离,这是准确的定义,要实际测出螺旋桨的螺距比较困难,桨叶的迎角大,螺距就大。因此,高级一些的螺旋桨飞机或直升机所说的改变桨距其实改变的是桨叶迎角。因此有人把桨叶迎角与螺距等同起来,其实它们之间是成正比的关系。

通常称8060的桨为桨体直径8英寸、螺距6英寸的螺旋桨。螺旋桨上一般刻有CW或CCW,CW代表的是反桨,是顺时针旋转的;CCW代表的是正桨,是逆时针旋转的。也就是正桨反转,反桨正转。

2.7.5　电池

电池主要为电机提供动力,通常采用化学电池作为电源,包括铅酸电池、镍镉电池、锂电池、铅酸电池。镍铬电池和镍氢电池的重量大,能量密度小,而锂离子电池的能量大,所以如今无人机的电源基本为锂聚合物动力电池,锂电池的标称电压为3.7V,充满时为4.2V。

各类电池参数如表2-2所示。

表2-2　各类电池参数

对比参数	铅酸电池	镍镉电池 (Ni-Cd)	镍氢电池 (Ni-MH)	锂电池
标称电压 / V	2	1.2	1.2	3.2/3.6/3.7
重量能量密度 / Wh · kg^{-1}	25 ～ 30	40 ～ 45	60 ～ 65	120 ～ 200

对比参数	铅酸电池	镍镉电池 (Ni-Cd)	镍氢电池 (Ni-MH)	锂电池
体积能量密度 / Wh·L^{-1}	65～80	150～180	300～350	350～400
最佳工作温度 / ℃	-40～70	-20～60	-20～45	0～45
安全性	安全	安全	安全	有一些隐患
环保	铅污染	镉污染	环保	环保
循环寿命 / 次	200～300	500	1000	500～1500
电池成本 / RMB·Wh^{-1}	0.6～1.0	2.0～2.6	2.5～3.8	2.0～3.5
充电器成本	低（稳压源）	一般（恒流源）	一般（恒流源）	高（恒流恒压）

锂电池：锂电池大致分为锂金属电池和锂离子电池。锂金属电池不具有充电功能，一次性电池增加了使用成本。锂离子电池具有充、放电能力，依靠锂离子在正极和负极之间来回移动进行工作。无人机一般选用聚合物锂离子电池，这种电池与一般电池不同，无人机由悬停状态转入前飞状态时，电池功率会迅速提高，在极短的时间内提高几倍功率，所以无人机的动力电池需要能满足瞬时及长时间大功率放电。锂电池的一般构造如图 2-91 所示。

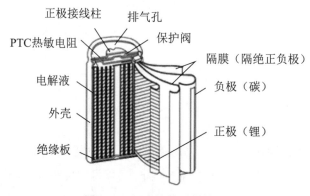

图 2-91　锂电池的一般构造

无人机电池参数：无人机电池参数主要包括容量大小、电压大小、放电电流大小和几个电芯串联或并联。下面讲解电池标签所标示的内容。

总功率：355.2WH 表示这个电池满电时具有的总功率。也就是说，无人机电机总功率按照 355.2W 稳定飞行的话，可以飞 1h，但是实际上无人机飞行时的平均功率会大于这个功率，所以一般飞行时间会在 1h 内。如果是爆发式飞行，也就是持续高速飞行，可能几分钟就没电了。

容量：16000mAh 代表这个电池的容量。如果按无人机总体放电电流大小来说，假如无人机电机最大工作电流为 270A，最小工作电流为 16A，飞行时平均为 40A，那么这个电池的大概工作时间就是 0.4h，也就是 24min 左右。

电芯排列：4S1P 中的 4S 是指这个电池由 4 颗电芯串联而成，1P 是指没有并联的电芯，合起来就表示这个电池是 4 颗电芯单排串联组成的电池组。

电压：22.2V 是指这个电池充满电后的满电电压。因为单颗锂电芯满电电压一般是 4.2V，4.2V×4=16.8V，22.2V 是指这个电池的标称电压，因为一般 3.7V 是行业公认的标称电压。

放电倍率：15C 表示这块电池允许采用 15 倍率放电。

第 3 章
无人机应用

　　无人机在军事领域和民用领域应用广泛，想要其在什么领域发挥怎样的性能，取决于在无人机上搭载怎样的设备，以及用这些设备，如何去发挥无人机的诸多特性。在使用无人机的同时，还需遵守相应的法律法规和一些安全事项。随着无人机智能化的普及，也为了使无人机能够在行业中应用更加方便，在进行无人机作业任务时通常会提前在地面站规划好飞行航线，使无人机在任务区能够自主飞行，更快地完成作业。

∵ 本章目标

● 　了解目前无人机应用领域的分类，军用级和民用级的区别。

● 　了解无人机在行业应用中的管理规范和注意事项。

● 　掌握无人机线路规划的步骤、方法以及各参数的用途。

3.1　无人机的应用领域

随着无人机的快速发展，各种无人机都可以根据其形状搭载适合其使用的任务设备，从而完成不同的任务。无人机主要分为军用级别的无人机和民用级别的无人机，它们所对应的应用范围不同，对无人机性能的需求也各不相同。

3.1.1　军用级别的无人机

军用级别的无人机在无人机领域占比为40%，在现代军事竞争中，绝大部分取决于科技的战略规划。在军事领域，有人机在执行危险飞行任务的过程中，飞行员总是要冒一定的风险，如果用无人机代替有人机去执行那些非常危险的任务，军队就会降低人员的伤亡率，国家就会减少辛苦栽培的飞行员牺牲所带来的损失。所以，无人机在军事领域的应用已经成为很多国家的研究重点。无人机可以代替有人机执行很多任务，甚至有些无人机能够执行有人机不能完成的任务，例如，长航时无人机能够全天候地执行对敌侦察预警任务。因此，无人机技术在军用领域具有非常不错的发展前景。

目前，许多国家对军用无人机的研发和生产甚广，随之而来的就是各种各样的无人机被生产制造出来，种类繁多。按用途可分为：无人侦察机、诱饵无人机、电子对抗无人机、通信中继无人机、攻击无人机、靶机等。

1. 无人侦察机

无人侦察机（图3-1）是指无人驾驶的飞行器利用无线电遥控设备和程序控制装置进行空中侦察、定点式监视、追踪式侦察以及目标指示等。其主要采用的侦察手段有雷达侦察、照相侦察、红外线侦察等，既可以单机侦察，也可以多机联合应用。

无人侦察机的特点是拥有较低的成本、灵活的侦察性能，对地面目标具有较高的分辨率，与有人侦察机相比，它不需要考虑飞行员身体的疲劳和伤亡，拥有昼夜持续侦察的能力，特别是对那些敌方严防布控导致有人侦察机无法靠近的地域，这时用无人侦察机代替有人侦察机就可以突出其优越性。无人侦察机还能够与有人侦察机协同执行侦察任务，将有人侦察机作为中继站，无人侦察机执行远距离侦察，从而扩大侦察区域，实行更快、更精准的侦察。

第一款无人侦察机诞生于20世纪60年代的越南战争中，美国军队将原本作为靶机的飞机改装成无人侦察机，执行空中侦察任务。目前世界上最先进的无人侦察机是由美国诺斯罗普•格鲁曼公司研发生产的一款代号为"全球鹰"的高空长航时无人侦察机，它之所以先进，是因为它不仅速度快、升限高、续航时间长，而且能与现有的全球指挥控制系统及联合部署智能支援系统互联，还能够直接、实时地将图片传输给指挥中心，供指挥官做出战斗评估、目标指示、对敌预警、快速打击或者再攻击等作战指令。

图 3-1　无人侦察机

2. 诱饵无人机

诱饵无人机是凭借自身携带的电子干扰系统，或与其他电子设备相协调，对敌方的防空系统实施干扰，吸引敌方火力或整个防空系统的注意，从而达到欺骗敌方防空作战系统的目的。其特点是成本低、深入战场、损耗敌方作战能力、暴露敌方防空作战系统等，图 3-2 所示为萤火虫诱饵无人机。

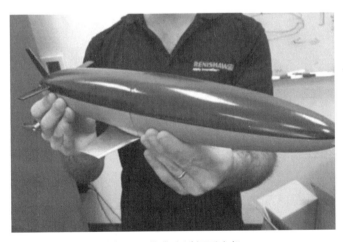

图 3-2　萤火虫诱饵无人机

作为诱饵无人机，它的使命就是要想尽一切办法，千方百计地去吸引敌方的注意，如携带一些针对性的电子设备，使其具有模拟被打击目标的机动能力和信号特征；或增大无人机的雷达反射面积，安装射频增大装置，增强雷达反射信号。还能够与其他电子侦察设备结合实施"诈骗侦察",或与反辐射武器协同作战,压制和摧毁敌军的防空系统。

　　一般来说,诱饵无人机在执行诱骗任务时,会在前沿空域模仿有人机的战术飞行,引诱和刺激敌方防空武器以及防空雷达的开启,从而使己方的侦察系统趁机完成侦察任务,找出敌方的作战地点并了解敌方的作战系统,让己方能够更好地掌握作战的主动权。诱饵无人机还可以作为突防工具,协同有人机深入敌后,主动为有人机吸引火力,让敌方花费大量的时间在假目标上,从而减小敌方防空系统对有人机的威胁。

　　最早的诱饵无人机由以色列研制。

3. 电子对抗无人机

　　电子对抗无人机(图3-3)由无人机载体和搭载的电子对抗设备组成,在执行任务时,飞临敌方控制领域上空,对敌方的作战系统、指挥通信系统实施干扰。还能在空域范围内通过各种电磁信号进行搜索、测量以及分析,捕获电子情报。其特点是能够较低、较慢地飞行,目标小,隐蔽性能优异,机动性强,续航时间长,能够实现编队飞行,而且消耗成本较低,能够深入敌方领域,凭借着强大的电子干扰能力与多款机型一起协同作战,掩护己方作战飞机执行作战任务,压制和攻击敌方雷达侦察系统,削弱敌方防空作战能力。

图3-3　电子对抗无人机

　　电子对抗无人机能够实现按照编辑好的航线在作战区域上空执行长时间的留空飞行,只要侦察、捕捉到敌方的雷达侦察系统发出的频率信号,就会立即实施干扰,还可以与反辐射系统结合,一旦被发现,可以通过雷达关机、飞机拉升等手段躲避侦察,伺机寻找再次干扰的机会。

　　在如今复杂的电子、电磁战场环境下,电子对抗无人机扮演着非常重要的角色。早在20世纪60年代中东战场上的贝卡谷底之战中,电子对抗无人机就已经崭露头角。20世纪90年代,随着军用无人机的快速发展,美国、以色列、俄罗斯、南非等诸多国家都纷纷研制出了各种不同类型的电子对抗无人机,如美国的"猎犬""捕食者"号无人机,都可以加装各种电子干扰设备,执行电子对抗任务。

4. 通信中继无人机

在现代战争中，战场信息在传输过程中经常会被视距所限制，在这种情况下，常采用微波卫星和短波电台的方式实现通信。微波卫星和短波电台这两个通信系统很容易受到限制，且抗干扰的性能也并不理想，所以，通信中继无人机（图3-4）就是要在非视距的情况下，提供更加安全、更加方便实用的通信系统，来保证作战协调。

图 3-4　通信中继无人机

通信中继无人机的优点在于具有非常好的机动性，战略布局较为灵活。如美国的"全球鹰"无人机可以在两万米的高空建立高空通信中继站，具有超低空飞行能力的"RQ-11B乌鸦"无人机可以在几十米的空中建立通信中继站，二者相结合，就可以满足在不同高度执行通信中继的任务，而且还能为作战地点通信系统提供更加便捷的战略转移，减小慢速转移带来的损失。

通信中继无人机还可以解决作战部队在执行深入敌后的超视距作战时的通信问题，能够在单兵作战时提供实时的侦察数据，大大提高了情报收集能力，以及各方能够取得联络的能力。

迄今为止，各国的通信系统几乎都是自主的、独立的，而让通信中继无人机作为转换的平台，就可以使不同的作战通信系统实现实时交流、分享。

5. 攻击无人机

攻击无人机（图3-5）又称为无人战斗机，可装载各种军事作战武器设备，对敌实施打击。攻击无人机能像有人机一样，既可以实现单独作战，也可以实现集群作战。攻击无人机拥有高空长续航、飞行时速高、隐身能力强、不需要设计庞大的驾驶系统、能增加载弹量的特点，是一款技术好、性能强的军用无人机。

图 3-5　攻击无人机

到目前为止，美国和以色列在无人战斗机方面的技术处于领先地位，但我国的无人战斗机技术也存在一定的优势，不仅能够单独研发生产，而且如果在战场上单独对抗，我国的无人战斗机并不会处于下风。例如，完全由我国自主研发的"攻击-11"无人战斗机不仅外形美观，而且在技术、性能方面也非常优异，"攻击-11"的隐身性能甚至已经超越了我国自主研发的"歼-20"有人战斗机。它的诞生让我国的无人战斗机在技术方面取得了质的飞跃，其系统性能非常先进，是世界上首个实现"全向隐身"的无人战斗机。

"攻击-11"无人战斗机集优越性能于一身，拥有先进的隐身性能和强悍的打击能力，使其非常适合执行进攻型防空作战（SEAD），像尖刀一样，利用其优越的隐身性能通过低空飞行进入敌方的防空领域，然后通过自身携带的红外或者光电等侦察系统和武器装备对敌实施精准打击。为什么说其像尖刀一样？因为该无人机把敌方严密的防御系统打开一个通道，让敌方的防御系统出现一个或者多个漏洞，通过这个漏洞使己方高载弹量有人战斗机进入有效的作战空域，对敌方执行毁灭性的打击，从根本上摧毁敌方的作战能力。

在军事领域，"高空长航时化"和"隐身化"始终是军用无人机发展的趋势。这两项技术对于军用无人机都是至关重要的，有很大的研究价值。

3.1.2　民用级别的无人机

在整个无人机市场，民用级别的无人机占比约60%，虽然民用级别的无人机的发展并没有那么成熟，但是其具有十分可观的行业发展前景，拥有较为丰富的技术资源，市场的分化能力非常强大，企业优势存在显著差异。

民用级别的无人机主要有警用无人机、电力巡查无人机、消防无人机、测绘无人机、航拍无人机、植保无人机、环境检测无人机、架线无人机等用于专业领域的无人机。由于民用级别的无人机在无人机领域的起步时间相对要晚，目前国内注册的民用级别的无人机企业大概在300家左右，市场竞争并不激烈。

1. 消防无人机

人与自然的斗争从未停止，我们永远都不知道何时会有自然灾害的发生。既然我们不能够预测，那就只能随时做好与自然抗争的准备。

在人类生活的环境中，有很多不同的自然灾害。例如，地震、山体滑坡、泥石流、洪水、山火等。而在这些灾难发生后，在不了解灾区情况时，就可以通过消防无人机（图3-6）进入受灾区域，救援人员通过无人机搭载的高清摄像系统传回的实时影像来分析受灾区域的灾害状况，以便更好地开展救援工作，避免了救援人员贸然进入灾区的危险。这样不仅可以弥补人力搜索耗时长、风险大的不足，而且大大减少了人力浪费。还可实现精准搜救，提高搜救效果，并且能够对灾区进行长时间的监测，获取实时情报。

图 3-6　消防无人机

通过消防无人机还可以了解灾区周边的环境信息，更加合理地安排安置点，从而达到科学救援的目的。

消防无人机的智能消防系统可以从高空观察，通过搭载的热成像感应仪快速查出起火点，避免受烟雾等的影响寻找不到火源而消耗救援的时间。

对于一些高楼失火，消防人员因为火势阻拦不能及时到达失火源，这时就可以使用智能消防无人机的智能消防，携灭火设备通过高空进入火场，控制火源，减小火势蔓延，给消防人员争取救援时间。在一些山火救援中，由于森林环境复杂，消防工作人员距离起火地点较远，且不能快速到达，森林的山火蔓延比城市居家失火蔓延更快，为了避免火势蔓延到不可控的地步，消防无人机就可以快速抵达起火点实施精准控火。甚至在发现及时、火势较小的情况下，完全可以用消防无人机进行消防工作，大大减少不必要的人力成本。

所以，无人机作为救援工具的一种，救援效果十分可观，也具有很好的发展前景。

2. 电力巡查无人机

电力巡查无人机（图 3-7）作为电力安全巡查的新型设备，凭借其自动化的航测设备，具有灵敏度高，操作便捷，成本较低的特点，同时还可以克服巡查线路上那些较复杂的地区所带来的障碍。利用无人机搭载敏感的遥感技术和一些相关的巡检设备，在电力的巡查过程中可进行精确的数据获取，把工作人员的危险系数降到最低。与此同时，无人机还能够帮助工作人员对电路进行反复频繁的检测，能更及时地发现问题、解决问题，给电力电路提供更加安全、高效的保障。

采用人工巡检，高空作业、复杂的地理环境都会给巡检人员带来巨大的不便，不仅巡查速度慢，而且存在很大的安全风险，工作人员劳动强度大，工作效率低。而将无人机运用到电路巡检领域，这些问题就会悄然消失，不仅在巡检过程中安全高效，还能够摆脱环境因素的影响。

通过将无人机装载上高清数码相机、摄像机以及 GPS 定位系统，可以对电路进行精准的自主巡查。特别是一些专业人员难以到达的危险地区，利用无人机能够实现对其的全面排查，保证了线路的安全。工作人员可以通过无人机回传的实时影像，实现更加精确的排查，精准解决问题，减少了人力、物力、财力的损耗。有些问题甚至可以通过无人机配备的设备直接解决，减少了一些不必要的高空作业。

图 3-7　电力巡查无人机

3. 环境气象检测无人机

环境气象检测无人机（图 3-8）在环境检测领域中的应用大致可以分为三类：环境的监测、环境的执法、环境的治理。其特点是高效快捷，能提高监管效率，具有较高的灵活性和较低的成本。

图 3-8　环境气象检测无人机

环境的监测：通过装载一些设备，对空气密度、湿度进行实时监测，勘测植被、土壤以及一些地方的水质状况，可以快速追踪和监测环境污染情况。

环境的执法：监察环保部门可以在无人机上配备专门用来采集与分析的设备，对一些特殊地区进行巡航，巡查出废气、废水等对环境造成污染的污染源，联合当地的执法部门进行整治。

环境的治理：可以利用无人机携带能够治理环境的药剂和探测设备，在指定地区的空域实施空中喷洒，给环境提供更加有效的改善。

目前，很多环保监测部门采用了无人机遥感技术作为大气环境污染监管的首要手段，不仅速度快、效率高，安全性能也非常可靠。在第三代遥感技术中，就具有监测范围广、受地形干扰小、响应速率快，以及立体监测等诸多优点。

环境监测无人机最主要的部件就是其搭载的"四气两尘"传感器的智能环境检测仪，采用高灵敏度的气体检测方法，能够利用无人机独特的飞行优势实现精准测量，再通过现有的专门用来检测的平台来实现实时检测，集成显示检测轨迹、检测高度以及检测指标，通过回传的实时数据，再由专门的环境监测人员进行分析，给工作人员提出治理方案做铺垫。

4. 农业植保无人机

农业植保无人机（图 3-9）在农业植保领域中的使用就是将无人机作为一个飞行平台，配备装载农药的药箱、喷洒药物的器具，以及用来观察的影像设备和用来监测的设备，对农作物进行喷施作业与数据采集分析。

图 3-9　农业植保无人机

其特点是智能喷洒，操作简单；空中作业，不受场地限制；喷洒速度快，工作效率高；节省农药，降低成本，降低对环境的污染；避免压倒损伤农作物；叶背也能喷洒上药物，提高防治效果。

无人机在植保领域的发展在 21 世纪初得到了业内的认可，但迫于一些技术和飞行安全的限制等问题，目前只有一些零星的一些企业在该领域有所发展。随着我国在无人机植保方面政策的不断完善与实行，使无人机在国家法律的保护下，在植保领域能快速高效地发展，从而得到更多人的关注与认可。

无人机在执行植保作业时，在技术方面要做到安全、省药、省工、省水、省钱等，不仅要做到，还要做好、做优，因为在民用无人机领域，植保无人机的占比为 42%，备受广大农民的青睐，它的喷洒工作效率是人工喷洒效率的几十倍，是高架喷雾器作业效率的八倍左右。

伴随着中国经济的飞速发展和农村土地政策的不断完善，植保无人机在业内的市场巨大，拥有非常好的发展前景。不管是技术的进步还是巨大的市场需求，对于农业领域来说，机器智能化都是绝对的主角。

5. 警用无人机

凭借着成本低、灵活性高、响应快速、可视化警务、高效且隐蔽的大范围监视获取数据、发现和跟踪犯罪嫌疑人无人员伤亡等优势，警用无人机（图 3-10）已经在警务中得到了大量应用。通过一些高清的摄像设备配合空中飞行侦察，给警务工作提供更多便捷。在警用领域的应用可大致分为三种：日常巡查、空中侦察、交通监控。

图 3-10　警用无人机

日常巡查：对于管辖区域大、人口多而且分布分散的地区，由于警力不足等因素，可能造成巡查存在漏洞。无人机一般可携带多种设备（如高清变焦相机、喊话器、红外设备等），帮助民警更简单有效地对地面进行巡查。

空中侦察：小型无人机，利用尺寸小、噪声小，同时携带可变焦相机，可在不惊动目标的同时进行远程拍摄和监控。此外，无人机也可以搭载红外设备，可在夜晚和丛林中进行扫描式的飞行搜索，还可对犯罪场所进行秘密侦察，以便警方了解其内部情况，以制定抓捕预案。

交通监控：无人机搭载空中喊话和高清可变焦云台相机，可以有效地对路面进行监控，更方便快捷地对道路的车辆和人群进行疏导，以及对违章车辆取证。

把无人机应用在城市的交通管理中，就可以将无人机的优势展现得淋漓尽致。配合城市交通部门，在人机结合、空地协同的运作下，可以更快地解决交通瘫痪问题，为人们的出行提供便捷，还能够为一些救援、消防争取宝贵的时间。将无人机运用在交通领域中，从宏观角度来看，是保证城市交通规划发展的运行；从微观的角度来看，是对交通区域的治理，对城市交通的保障，对突发交通事故更好的应对，对应急救援的保护。

6. 航拍无人机

航拍无人机（图 3-11）需要搭载完整的高清摄像设备，可以让人们真正实现换个角度看风景，依照自己的摄影要求，对景物进行拍摄。同时，航拍无人机不仅可以实现实时的高清影像传输，还可以实现上千米乃至上万米的数据传输。这不仅给人们带来了不一样的视觉盛宴，还大大降低了拍摄成本。

图 3-11　航拍无人机

航拍无人机是目前市场竞争最为激烈的机型，它的特点在于体积小、移动非常方便；受场地限制非常微小（大疆公司的 mini 系列，完全可以实现手掌起飞、降落）；运动灵活，可随时切换拍摄角度；航拍性能非常稳定与安全（拥有 GPS 导航系统的无人机，通过卫星锁定能够使定点悬停更加稳定，甚至无须操作人员执行操作）；能够实现高清摄影。

目前，市场上大部分无人机不仅能够实现实时传输高清摄影、GPS 精准定位，还搭配了"自动避让系统"，为初学者减小了因为操作失误造成的经济损失，也降低了航拍无人机的安全风险概率。

随着无人机在航拍领域的运用，成功地把天空和地面连接起来，很多性能都是其他摄像设备无法比拟的。专业的航拍系统完全可以取代高架摄影，实现大规模全景、高角度拍摄，让影视效果更佳。

7. 测绘无人机

无人机测绘技术是以航空遥感为基础，利用先进的无人机技术、遥感传感器技术、遥测遥控技术、通信技术、GNSS 差分定位技术和遥感应用技术，实现自动化、智能化、专业化，在灾害应急处理、基础测绘、土地利用调查、矿山开发监测和城市规划等方面应用的技术。测绘无人机（图 3-12）具有应用范围广、作业成本低、续航时间长、影像实时传输、高危地区探测图像精细、机动灵活等优点，是卫星遥感与有人机航空遥感的有力补充，已经成为世界各国争相研究和发展的重要方向。

图 3-12 测绘无人机

3.2 无人机的应用环境

随着无人机技术功能不断完善进步，无人机逐渐从军用领域进入大众的视野。但随着无人机用户不断增加，工业级和消费级无人机的数量大大增加。在这种情况下，无人机使用成本低、地勤保障要求低、安全风险系数小等优点开始被大众所认识，导致在民用领域的无人机数量大大增加，飞手数量也大大增加。

在民用无人机领域，因为用户大大增加，无人机优势凸显的同时，各种各样的问题也开始暴露。因此，也要有一些管理措施的存在才能在不破坏社会治安的前提下实现满意的飞行，例如，相关的管理规范、技术标准以及飞行要求，都需要无人机操作人员了解、学习。本节主要讲解如何规范地操作无人机。

3.2.1　无人机管理规范

随着无人机技术的快速发展，民用级别的无人机比比皆是。虽然无人机给各大领域带来了不小的便捷，但是在民用无人机领域，为了不破坏社会的安定和谐，还是应当依法飞行，在法律的范围内去执行工业、农业、建筑业等飞行作业，以及旅游观光、抢险救灾、艺术摄影、环境气象检测等飞行活动。

1. 司法规定

我国对民用无人机的活动范围和空中交通管理都有明确的法律法规，其中包括《中华人民共和国民用航空法》《中华人民共和国飞行基本规则》《通用航空飞行管理条例》，以及民航局的相关规章制度。即使有相关的法律法规，也避免不了一些民众为了满足自己内心的需求，不顾法律的规则乱飞、黑飞，最终获得的只有法律的惩罚。当个人或者单位组织无人机飞行活动时就需要按照《通用航空飞行管理制度条例》和民航局的章程等规定申请飞行空域，从而规范飞行范围，避免在军事保密区域飞行，避免在高铁线路旁飞行等，接受飞行管理及空中飞行交通服务，确保顺利且愉悦地完成飞行活动。

由于无人机在飞行过程中没有像有人机执行任务的机长，所以为了飞行安全，无人机的操作人员就要承担机长的责任，并且在完成飞行申请前就应当向有关部门明确无人机的操作人员。

随着无人机技术的快速发展，无人机越来越多样化、复杂化、运行差异化，在各个行业、各个领域都有涉及。因为牵扯跨行业、跨领域问题，具有一定的复杂性和特殊性。对此，依据《无人机驾驶航空器飞行管理暂行条例》，对无人驾驶航空器按照性能分为微、轻、小、中、大五种类型，然后再根据这五种不同的类型拟定不同的管理规章制度。

2. 流量管理

由于无人机的工作环境是广阔的天空，对于动态飞行和飞行速度的控制都需要实时监控，不仅需要注意飞行器与飞行器之间时刻保持安全间距离，还要注意飞行器与空中其他不明飞行物体之间也要保持相对安全的距离，保证飞行的安全。在飞行过程中，存在多种实时的安全冲突问题，如天气异常、障碍物、空中交通管理，或者根据飞行航路和同片区域机场的运行容量触发的流量管理问题。意外通常会发生在较长的时间以后，比如几分钟以后，这时就可以通过飞行前的动态航线规划和控制飞行速度来避免意外的发生。

3.2.2 技术标准

操作无人机的技术标准大致可分为两种：一种是飞行器自身的技术标准；另一种则是操作人员的技术标准，而这两种技术都是保障无人机飞行安全的基础。

1.飞行器自身的技术标准

对于无人机来说，需要的技术标准有动力技术、导航技术、交互技术、通信技术、芯片技术、空管技术。动力技术是飞行器能否飞行的关键，作为飞行器，不管是有人驾驶飞行器还是无人驾驶飞行器，能飞离地面才能被称为飞行器。导航技术需要让飞行器自己以及操作人员知道自己"在哪"和"要去哪"。交互技术就是使飞行器通过飞控系统接受遥控器的控制时，具有一定的局限性，在无人机新技术的发展下，为了提高用户体验，去简化无人机飞行技术对操作人员的需求。通信技术需要使无人机的摄像设备能够做到即拍即传，提供实时高清影像。芯片技术需要模拟"大脑"，目前的技术能够使飞控做到有反应、有意识，未来要做到自主反应、自主识别。空管技术目的是让城市上空的无人机避免发生碰撞。

2.操作人员的技术标准

首先，一个合格的无人机操作人员应该明白，无人机是一种较为危险的工具，不管是固定翼无人机还是旋翼无人机，危险系数都非常高，存在很大的破坏力，特别是对人而言。所以，作为操作人员，需要时刻保持警惕，在起飞和降落时，必须做到实时监测飞行器周边的人员流动，千万要保证机、人的安全距离，必须做到"近人不起降"。在测试无人机时，一定不能带"桨"测试，这样的危险系数"极"大。在操作遥控器推杆时尽量柔和，一般情况下，请勿持续满杆飞行，避免产生较大的惯性，导致避障不及时或断失误发生意外。

作为普通群众，甚至是路过者，见到无人飞行器时（不仅是无人机），一定要做到及时避让，或许它的高度在 3～4m 左右，你会觉得可以从下方经过，其实并不然，很多飞行事故都发生在短短的一瞬间，造成不可挽回的后果。

旋翼无人机的电机会给螺旋桨带来非常高的转速，一旦接触到人的致命部位，机毁人亡的概率非常大。固定翼无人机以速度著称，在民用领域大多以航模的形式存在，因为灵敏度较高，对飞行人员操作技术的要求较高，危险系数也较高。而且固定翼无人机一般需要较大的场地来满足它的起飞和降落，所以要保证自身的安全，无人机在起飞降落时要与其保持足够的安全距离。

不管是旋翼无人机还是固定翼无人机，在即将发生碰撞时，要尽最大的努力使其偏离人群，把事故程度降到最低。就像定翼机驾驶员学习的第一课："即使在发生意外时，也要使飞机偏离人员流量大的区域"。

3.2.3 无人机飞行要求

无人机作为一款飞行平台的工具，需要注意很多安全问题，只有规范了飞行要求，才能使危害系数降到最低，并降低损伤的概率。在飞行前，应注意观察飞行环境，对Compass（指南针）和 IMU（惯性测量单元）进行校准，设定好适当的返航高度，并注意低定量自动返航的提示，在地面上供电时一定要静止供电，避免晃动导致飞机航向发生偏移造成飞行事故。而且应用于不同领域的无人机在飞行过程中需要注意的飞行要求也存在一定的差异，尤其是在航拍、植保、测绘、巡检等应用较为广泛的领域。那么在民用领域，这些应用较为广泛的领域都有哪些需要注意的问题呢？

1. 空中航拍飞行

航拍摄影起源于19世纪50年代，纳达尔是世界上第一位实现空中拍摄的摄影师和气球驾驶者。1858年在法国巴黎，纳达尔在气球上完成了人类历史上第一次航拍。随着科技的进步，航拍也从专业级逐渐走向大众的视野。无人机航拍开始在摄影领域占据越来越大的比重。随着无人机小型化和轻量化，以及摄影摄像装备的不断进步，越来越多的人对航拍产生了浓厚的兴趣。如今民用市场上消费级无人机领域中，小型、微型航拍无人机占据了相当的份额。但随着这一类无人机不断发展，此类无人机的飞手中有一部分没有受过专业的训练和技能培训，人为因素和不可控因素导致此类无人机事故频发。

无人机起飞前的注意事项如下。

（1）天气环境。使用无人机时尽量选择晴朗的天气，天气晴朗，能见度高，拍摄也相对清晰。避免在雨天和水汽较大的云雾中飞行。目前市场上的无人机都不具备防水的性能，在雨天飞行会导致无人机内部受潮或进水引起短路，严重的会直接导致无人机掉落。

（2）场地选择。务必不要在室内飞行，应找到相对开阔的地方，选择没有高大的建筑、树木、电线等上空无遮拦的地方。切记不要在人群上空飞行，应远离人群，时刻注意周围环境。

（3）确认风向。发生频繁的乱风和风切变，或者风速等级大于三级，尽量不要起飞。风速对无人机的影响是非常大的，风很容易扰乱无人机的飞行姿态，一般飞手很难控制飞行姿态的突然变化，容易导致慌张后误操纵。

（4）避免干扰。确认周围环境，起飞前注意观察周边干扰指南针的强磁场、金属物和是否遮挡遥控信号等。

（5）谨慎操纵。飞行时避免暴力拉杆，要时刻注意无人机的电量提示，及时返航，不要贪飞。

（6）远离禁飞区。观察附近确认是否有禁飞区域。

2. 农业植保飞行

伴随着中国经济的不断发展，近年来农村劳动力人口逐渐减少，同时人民的生活水平不断提高，从事传统农活的农民们也希望通过自动化的工具代替劳苦的农作。

传统的喷药机效率低、人工成本比较高，人工喷药除劳动强度大、操作人员容易中毒外，还存在喷洒的农作物受药物质量差等缺点。而无人机采用高效率的无刷电机作为动力来源，机身震动小，可以搭载精密的仪器，喷洒农药等更加精准；无人机对地形的要求较低、在进行植保作业时不受海拔限制、喷洒速度快等，对比传统喷药机优点显著。

虽然植保无人机有着很多优点，但弊端也很突出。市面上大部分植保无人机采用电力动力系统，电池的重量占据了无人机的重量大部分，这是其第一个缺点。

（1）载重小。目前电力动力系统的植保无人机载重一般为 5 ～ 10kg，很少有20kg 的。由于载重小，喷洒时需要频繁更换药桶。

电动植保无人机自身载重大，随之采用的无刷电机的功率也比较大，这是其第二个缺点。

（2）续航时间短。一组电池维持的飞行时间大概在 10min 左右，所以不仅要频繁地更换药桶，还需要频繁更换电池。

虽然现在的植保无人机能实现自动模式规划飞行，但有些地面是不规则的，仍然需要手动来完成作业。但是人工操纵并没有那么精准，这是其第三个缺点。

（3）重复喷洒或者漏喷。对于不规则地面进行喷洒时，需要手动进行喷洒。但现在无人机定高准确的问题也不能完全忽略。

（4）药液漂移。由于药剂溶液雾滴较小，在螺旋桨的作用下比重较小的药剂液滴非常容易发生漂移。

3. 测绘飞行

气球是最早的航空摄影平台，随后，得益于摄影技术的简化，其他手段如风筝（1882年英国气象学家曾使用）、火箭（1897 年瑞士发明家曾使用）等，也开始用于航空摄影。1909 年，w.Wright 用自制的飞机获取了一张运动图像，意味着载人航空摄影的开端，随后航空摄影技术在军事中得到应用并迅速发展。我国无人机测绘行业的发展相对较晚，起步于 20 世纪 50 年代末。自 20 世纪 90 年代以来，国内的大学和各个科研院所相继成立了无人机研究机构。到 21 世纪初，中国航空集团一些下属院所、民营企业也开始研制无人机，加快了我国无人机的发展步伐。2010 年，我国不仅对无人机测绘技术有了研究成果，也颁布了测绘工作的相关标准和规范。

无人机测绘主要指的是以无人机系统为主要的信息接收平台，通过无人机搭载遥感信息采集和处理设备，将获取的遥感信息传输到测绘中心，经过数据技术处理，形成立体化的数字模型，以满足行业的发展需要。无人机测绘要想获取清晰准确的图像，不仅无人机需要具有稳定的性能，遥感设备的专业化程度也同等重要，近两年发展起来的无人机倾斜摄影系统是主要的热点。这种技术可以直观地反映复杂地理环境的外观、位置、高度等因素，以大范围、高精度、高清晰的方式对目标环境进行全面感知，为真实有效的地理测绘提供科学的数据依据。

4. 巡检飞行

人们日常生活中越来越离不开电力，我国电网的建设速度和规模上都已经跃居世界首位。

近年来，我国电力需求持续上涨，电力设备的维护也逐渐困难。目前，我国电力巡检大部分是人工巡检，不但成本高，复杂地形和多变的气象使巡检难度大，而且人工巡线在完全带电的情况下进行工作，避免不了一些意外的危险。而无人机电力巡检可显著提高电力维护和检修的速度和效率，在确保用电安全的同时也减少了人员危险。

从 2009 年开始，我国便正式开启了无人机巡检的时代。包括南方电网、国家电网等在内，都在加速布局和测试电力巡检无人机，同时我国也推出了诸多利好电力巡检无人机发展的政策。时至今日，我国已经形成完整的电力巡检无人机产业链，市场发展也渐入佳境。

对于电力巡检，常采用激光雷达和红外检测设备进行巡检，因为如果采用光学摄像进行巡检，难免会发生因为角度问题导致部分输电线路无法被捕捉，从而导致巡检效率低。与此同时，5G 与人工智能的不断发展，进一步增强了通信和数据传输能力，使得巡检无人机行业更有潜力。目前我国巡检无人机面临的问题有以下几方面。

（1）电池续航时间。

目前无人机普遍存在续航能力不足的问题，如果无人机进行较长时间的巡线任务，需要频繁地更换电池。

（2）申报飞行空域。

出于飞行安全和法律风险的考虑，无人机飞行需要申报飞行空域。而目前巡检大多在城市周边，由于人口密度大，空域批复比较困难。

3.3 无人机的线路规划

无人机采用的导航定位系统并不只是简单的全球定位系统（GPS），而是由全球卫星定位系统与其自身携带的惯性导航系统（INS）相结合所形成的航空定位定向系统（POS）。目前，随着无人机行业的发展，无人机的飞行平台越来越多，所应用的领域也是多种多样，为了避免由于操作人员的错误操作，造成无人机的损坏，加之无人机智能化程度的提高，所以目前无人机在很多行业中会基于航空定位定向系统，采取提前规划好的线路，进行自主飞行的模式。

当然，无人机在作业时对其线路的规划也有不同的要求。例如，在拍摄正射影像时，对无人机的作业线路只需规划一条航线即可，通过来回折返覆盖整个测区；而对于单镜头的倾斜摄影作业，则需要规划多边航线进行作业；对于河道、线缆、道路、管道等带状测区进行巡查时，则可以按照其形状来规划条带线路，进行作业任务。

3.3.1　航空定位定向系统

定位定向系统（Positioning and Orientation System，POS），即集合差分全球定位系统（DGPS）和惯性导航系统（INS）为一体的定位定向系统。POS 主要包括两部分：GPS 接收机和惯性测量单元（Inertial Measurement Unit，IMU），所以也称为 GPS/IMU 集成系统。

1. 系统组成

POS 硬件主要由惯性导航系统、DGPS 与 POS 计算机系统组成。另外，POS 还包含一套用于融合数据事后处理的事后处理软件，其组成如图 3-13 所示。

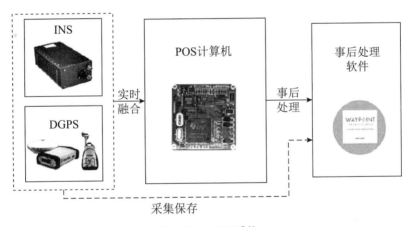

图 3-13　POS 系统

惯性导航系统提供无人机的实时角速度和加速度等机体信息，然后再通过 POS 计算机系统将得到的信息进行实时融合计算，从而得到无人机的位置、速度、姿态等导航信息。

2. 工作原理

INS 主要是由惯性测量单元（IMU）及其控制系统组成。IMU 主要包括 3 个自由度陀螺仪、3 个加速度计和必要的数字电路和图形处理器。值得提醒的是，以前的陀螺仪多为机械陀螺仪，现在为了轻量化机身，部分高性能战机、无人机会采用电子集成的陀螺仪。利用内置的 3 个加速度计来测量无人机在 X、Y、Z 三轴方向上的平移加速度，记录姿态角，给出载体航向，以此来计算是否偏离预定航线，实现对无人机的导航工作。例如，在没有GPS的情况下就需要利用惯性导航系统进行制导工作。

惯性导航系统原理如图3-14所示。

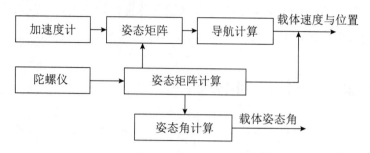

图3-14　惯性导航系统原理

GPS是目前民用领域使用最广泛的全球卫星定位导航系统之一，GPS的出现改变了人们的生产生活，也是构建物联网的基础。GPS可以为用户实时提供他们自己的空间坐标、速度信息，以及精确的授时。并且最少仅需3颗卫星就可以为用户提供全球定位，但随着卫星数量的增加，精确度也会更高。

差分全球定位系统（DGPS）技术是在已知点位上提前安装GPS基准站，再对目标点位置接收机进行同步观测，基于基准站空间坐标信息和改正参数，对目标点数据进行求差改正，并综合全部观测数据进行平差计算，获取精确的三维坐标，如图3-15所示。

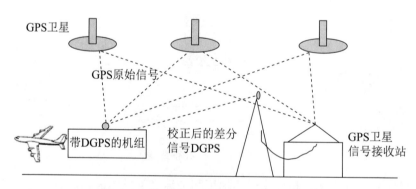

图3-15　差分全球定位系统（DGPS）原理

其优点是定位精度高，同时依靠卫星群可以实现全天候的连续定位，误差也不会随着工作的时长而增大。但DGPS本身无法实现对无人机控制，甚至不能为无人机提供实时的姿态参数，也不能控制无人机的飞行姿态，只能对无人机的位置进行定位。但物体如果在快速运动过程中，或者上方有物体遮挡，容易导致无法跟踪和捕获卫星信号的情况，从而导致定位的精度下降。

因此，对于能够实现自主飞行的无人机，要采用基于卡尔曼滤波的方式将二者进行组合，优势互补，形成信息的传递以及数据的融合，由此便可以获得无人机在高速运动过程中高精度的导航系统。

惯性测量单元（IMU），因为其信息源自自身所携带的传感器，可以自行感知自己的姿态信息，并进行自我修正，所以会大大降低外界信息带来的影响。高精度的IMU可以为无人机提供更高精度的导航信息。

POS简而言之就是将惯性导航系统与全球卫星导航系统相结合，主要由全球卫星导航系统提供实时的位置信息，再通过惯性导航系统来修正自身姿态，从而实现高精度的定位导航。

3.3.2　线路规划

无人机的线路规划需要依靠相应的地面控制站才能进行，在进行作业任务前，飞手需要在地面控制站上设置好航点、航线等信息，然后再将航线上传到无人机，无人机接收到航线任务之后，等待飞手的命令再进行飞行作业。

1. 软件界面

市面上有很多不同公司的地面站系统，但界面信息基本没有大的差别，下面就以某集成式地面站为例进行讲解，如图3-16所示。

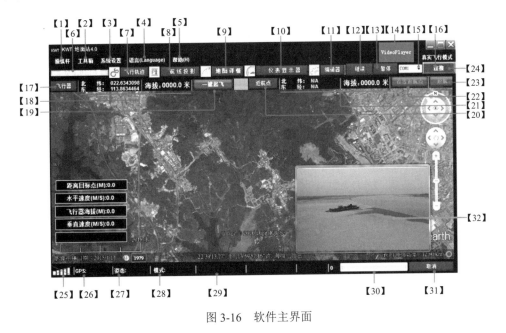

图3-16　软件主界面

界面中图标内容的说明如表3-1所示。

表 3-1 软件图标内容说明

序号				说明
1	操纵杆			此菜单下的功能暂不开放使用
2	工具箱			单击模式：此键具有单航点功能
				F 通道控制器：此键用来更改主控器中 F 通道的功能
				相对坐标编辑器：可以在当前点的相对位置上新增一个新的航点
				航向模板：航线类型库
				动作设置：通用伺服功能设置
3	系统设置	选项	基本设置	声音：控制声音的打开与关闭
				操作界面仪表盘的样式：更改仪表的样式
				动作设置：动作序号显示间隔
				暂停模式和控制时间的间隔（多长时间给主控发送一次数据）
				目标连线：无人机与飞行目标之间的连线
3	系统设置	选项	数据链路	一个数据包包含的航点个数
				上传一个包的重传次数
				重传一次包的超时时间
			网络设置	GS VPN 开：打开地面站软件时自动开启 VPN
				GS VPN 关：打开地面站软件时自动关闭 VPN
		高度海拔补偿		用以设置海拔高度的补偿值。高度：高度模式。海拔：海拔模式
		数据记录文件		LOG 用于存储日志文件、MISSION 用于存储航线任务
4	语言（Language）			更改语言，可以选择中 / 英文
5	帮助（H）			升级程序及说明软件版本信息
6	输入位置			输入要到达的位置
7	无人机轨迹			单击显示无人机轨迹
8	航线投影			在编辑任务的状态下，单击会显示航线的投影
9	地图详情			单击之后会显示地图的详细信息
10	仪表显示器			单击之后会弹出控制仪表盘的窗口
11	编辑器			单击弹出任务编辑器窗口

序号		说明
12	继续	单击无人机继续执行未完成的任务
13	暂停	单击暂停任务
14	Video Player	地面站图传接收实时视频播放器，单击可以打开或关闭序号为"32"处的实时视频窗口
15	COM	串口选择，用来选择数传电台的数据传输串口
16	连接	单击进行与飞控连接
17	无人机	单击前往无人机位置
18	无人机位置	实时显示无人机的位置信息，可直接复制数据内容
19	一键起飞	单击后无人机起飞
20	返航点	单击前往返航点位置
21	返航点位置	返航点位置信息，数据内容可进行复制
22	设置返航点	改变返航点
23	返航	单击返航
24	飞行模式	显示真实飞行模式或模拟飞行模式
25	信号强度	显示地面站与主控之间信号的强弱
26	GPS	实时 GPS 信号质量
27	姿态	实时姿态特征
28	模式	实时控制模式
29	其他状态参数	动力电压：显示动力电池的电压。 舵机电压：显示舵机输出的电压。 螺距百分比：桨距占总行程量的百分比。 油门百分比：油门占总行程量的百分比
30	进度条	上传／下载进度条
31	取消	"取消"按钮
32	实时视频界面	实时显示无人机前端的图像信号。可以单击通过"14"处的按钮来显示或关闭此窗口

2. 单击飞行

单击飞行，是只需要设置单个航点，使无人机达到某一目标点时所采用的一种单航点飞行模式。在单航点飞行模式下，操作员可以通过在地面站上设置航点，并将航点信息通过数据链发送给无人机。如需进行单击模式操作，需按以下几个步骤进行。

（1）需要满足下列条件：需要在 GPS 信号较好的情况下进行，否则会因为定位卫星数量不够，导致定位不准确，甚至于坠机；并且无人机已经处于飞行状态，需要无人机在空中时才能操作，此项的前提是操作模式必须为 GPS 模式。

（2）单击"工具箱"→"点击模式"，打开如图 3-17 所示的对话框。

图 3-17　"点击模式"对话框

（3）单击"进入点击模式"按钮，无人机将从飞行状态进入自动悬停的状态。

（4）此时需要操作员输入所设航点的高度和飞行速度。

（5）按住空格键，鼠标在卫星地图上移动，到预计航点的位置单击便会生成航点；随后无人机将会立刻向着该航点的方向飞去，并且操作者还可以在无人机飞行途中继续对新航点进行设置。

（6）单击"退出点击模式"按钮，无人机会再次自动进入悬停状态（如果之前无人机处于航线模式，退出后，则继续进行航行任务）。

（7）单击继续，无人机继续进行之前的飞行。

注意：如果飞行控制器在 5 s 内没有接收到地面站发送的信息，那么为了安全，无人机会进入悬停状态；如果 1 min 内主控没有接收到地面站发送的信息，无人机就会自动返航，回到起飞位置。

重要提示：在点击模式下，无法使用遥控器控制无人机。但是可以迅速切换至手动模式后切换至其他控制模式，以重新获取无人机控制权。

3. 航线规划模式

GCS 软件支持 Google map 的在线和离线加载，在地图上实时显示飞控的位置、姿态及高度。航线模式下的操作流程如图 3-18 所示。

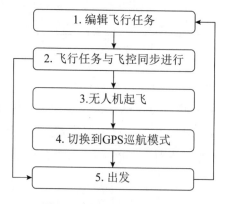

图 3-18　航线规划操作流程

4. 任务编辑器界面说明

任务编辑器界面如图 3-19 所示。

图 3-19 任务编辑器界面

（1）编辑框透明度设置：左右拖动滑块可改变编辑框的透明度。

（2）编辑框大小设置：左右拖动滑块可改变编辑框的大小显示。

（3）日志窗口：显示信息，例如，上传成功、上传失败等。

（4）编辑中的任务，当选中时，其下方会出现"任务属性"及"设置所有航点参数"栏，如图 3-20 所示。

图 3-20 任务窗口

（5）任务属性。

①任务超时时间：如果飞行时间超过预设值（≥60 s），飞行器将自动返航。

②循环：任务执行模式选项，包括 Start_to_End 和 Continuous 两种方式。

③起始点：单击 GO 按钮后无人机飞向的第一个航点，请选择合适的航点号。

④垂直最大速度：垂直方向的最大速度，单位为 m/s。

（6）设置所有航点参数。

①设置所有航点的海拔：设置所有航点的海拔高度。

②设置所有航点的速度：设置所有航点的速度。

③设置所有航点的转弯模式：设置所有航点的转弯模式，包括 StopAndTurn，

Bank_turn，Adaptive_Bank_Turn 和 None。

④ 设置所有航点的动作：批量设置动作参数。

航点属性如图 3-21 所示。

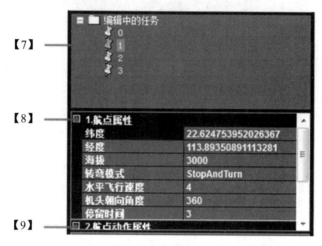

图 3-21　航点属性

（7）单击图标编辑中的任务前面的 + 图标，可以展开所有航点信息。当前被选中的航点为绿色，未被选择的航点为黄色。当选择某个航点时，下方会出现航点属性及航点动作属性设置栏。

（8）航点属性。

正在编辑的任务，属性可写；已分配的任务，属性只读。

①经度 & 纬度：经纬度，单位为"°"。

②海拔：海拔高度，单位为 m。

③转弯模式：单独设置转弯模式。

④水平飞行速度：上一航点至当前航点的飞行速度。

⑤机头朝向角度：相对于该航点的航向角，单位为"°"。

⑥停留时间：在该航点的停留时间，单位为 s。

（9）航点动作属性。

①动作周期：设置动作重复的时间间隔，单位为 s。

②动作重复次数：设置动作重复次数。

③动作延时开始时间：设置到达该航点多少时间后开始做动作，单位为 s。

④动作重复间距：设置动作重复的间隔距离，单位为 m。

（10）添加、删除航点：如图 3-22 所示，单击 + 按钮或在地图上按 Ctrl+ 鼠标左键可添加新航点。选中航点后单击 – 按钮删除航点。

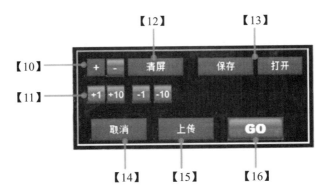

图 3-22　添加、删除航点

（11）航点高度设定：每单击一次改变高度 10m 或 1m。

（12）清屏：若想要在地图上编辑新任务，单击"清屏"按钮即可。

（13）保存、打开：保存现在的任务或打开已有的任务。

（14）取消：取消所有已编辑的航点。

（15）上传：上传任务到无人机飞控模块。

（16）GO：单击 GO 按钮执行已分配的任务，包括自主起飞。

5. 编辑飞行任务

第 1 步：单击"打开"按钮打开任务编辑器，如图 3-23 所示。

图 3-23　编辑器

第 2 步：单击"新建"按钮编辑新任务。

第 3 步：添加航点，如图 3-24 所示。

图 3-24　添加航点

6. 添加航点

第 1 步：单击 + 按钮，或者按住 Ctrl 键。

第 2 步：在 3D 地图上单击想添加航点的位置。

在本软件中，最多可添加 50 个航点。当前选中航点显示绿色。如果想添加更多新的航点，请重复以上步骤。起始航点索引号为 0，每添加一个新航点，其索引号按 1 递增。

7. 删除航点

第 1 步：在 3D 地图或者编辑的任务中选中航点，选中的航点显示为绿色。

第 2 步：单击 – 按钮或者按 Delete 键删除航点。

提示：重复上述步骤可删除更多航点。

8. 编辑航点属性

编辑航点属性时，在 3D 地图或编辑的任务菜单中选择航点，属性设置（航点属性）界面如图 3-25 所示，可对航点海拔、转弯模式、水平飞行速度、机头朝向角度和停留时间等进行设置，设置完成时，按 Enter 键确认。

1.航点属性	
纬度	22.624753952026367
经度	113.89350891113281
海拔	3000
转弯模式	StopAndTurn
水平飞行速度	4
机头朝向角度	360
停留时间	3

图 3-25　航点属性

1）海拔

如果是高度模式，指的是航点的相对高度；如果是海拔模式，则是指航点的海拔。通过单击高度调节按钮可编辑每个航点的高度。

在“海拔”栏后面可输入确切数值。

2）转弯模式

航点的转弯模式可以独立设置，可选择：定点转弯、协调转弯或自适应协调转弯。系统默认转弯模式为定点转弯。

在协调转弯模式或自适应协调转弯下，航点属性中的参数停留时间将被忽略。

从转弯模式的下拉菜单中可选择“定点转弯”“协调转弯”或者“自适应协调转弯”。转弯模式的举例说明如图 3-26 所示。

3）水平飞行速度

水平飞行速度是指从上一航点到当前航点的速度（单位为 m/s）。在航线模式下，系统默认速度为 4m/s，允许的最大速度为 25m/s（建议设置速度不超过 15m/s）。

可在“水平飞行速度”栏后面输入确切数值。

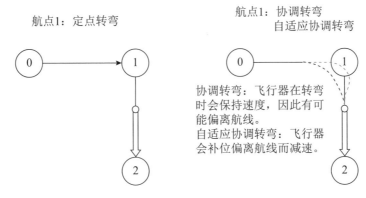

图 3-26　转弯模式说明

4）机头朝向角度

如果想要求无人机在到达某个航点时朝向特定的方向，可通过设置该值实现（单位为"°"），默认值为上一个航点的机头朝向角。

在"机头朝向角度"栏中直接输入数值即可。

5）停留时间

设置无人机在某航点的停留时间。该设置仅对定点转弯有效，而非协调转弯。

9. 编辑任务属性

编辑航点属性时，单击编辑中的任务可看到任务属性界面如图 3-27 所示，可对任务超时时间、循环、起始点、垂直最大速度以及所有航点参数等进行设置，设置完成时，按 Enter 键确认。

图 3-27　任务属性

（1）任务超时时间：如果无人机飞行时间超过任务时间限制，将自动返航（默认值为 65 535 s；最小值为 60 s；最大值为 65 535 s）。

（2）循环设置飞行器是否进行循环飞行，包括 Start_to_End 和 Continuous 两种方式。其中，Start_to_End 从起点到终点仅执行一次；Continuous 为从起点到终点重复执行多次（默认模式为 Start_to_End）。循环模式的举例说明如图 3-28 所示。

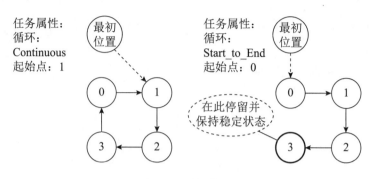

图 3-28　循环模式

（3）起始点：设置无人机起飞后第一个目标航点（默认起始航点索引为"0"）。从起始点后面的下拉框中现有的航点索引中选择起始航点。

（4）垂直最大速度：该限制是无人机在垂直方向上的绝对速度限制（单位为 m/s）。默认垂直方向速度为 1.5m/s，最大允许值为 5.0m/s。

（5）设置所有航点参数。

① 设置所有航点的海拔。

② 设置所有航点的速度。

③ 设置所有航点的转弯模式。

④ 设置所有航点的动作。

上述四项是对所有航点属性的设置，如果设置一次之后，则所有航点的属性都改变且一致，此时再对单一的一个航点进行属性设置时，则单个航点的属性改变。

注意：当无人机处于高度 200m 左右的航线飞行时，由于航线飞行是自主飞行，所以在设定第一个航点时，速度不要太快，高度不要太高，应给无人机一个安全爬升的过程。无人机起飞之前，应尽可能使它的机头朝向第一个航点的位置。这是基于安全考虑。

航线规划举例如图 3-29 所示。

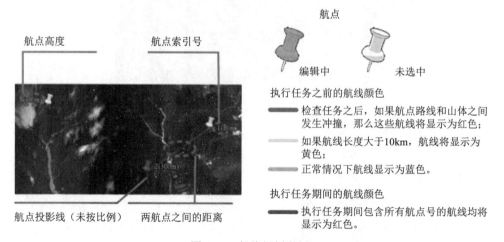

图 3-29　航线规划举例

10. 保存和载入任务

1）保存任务

第1步：单击"保存"按钮保存已编辑好的任务。

第2步：以 .awm 为后缀名命名文件。

2）载入任务

单击打开选择已保存的任务文件，文件后缀名为 .awm。

注意：高度补偿值不保存在任务文件中，必须每次设置。

11. 上传飞行任务

航线编辑完毕，单击"上传"按钮，会弹出一个信息框，如图 3-30 所示。

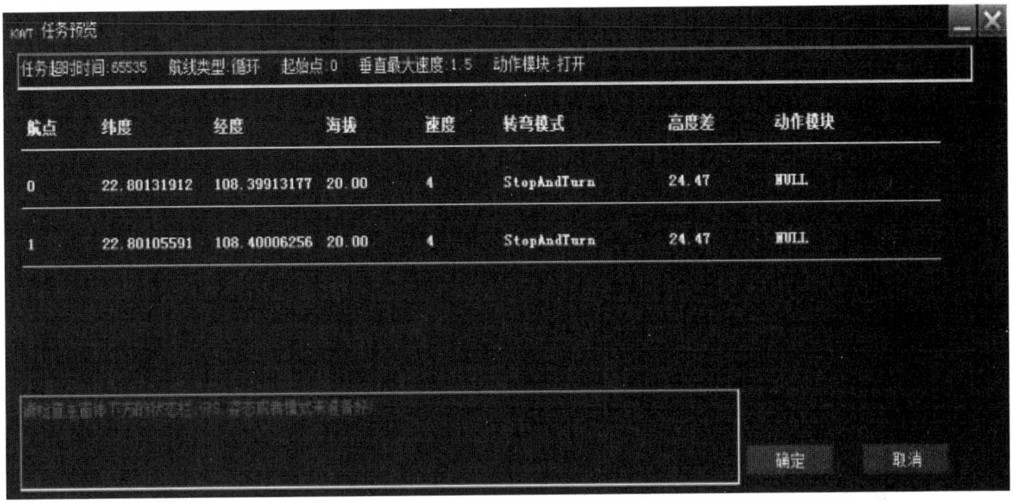

图 3-30　任务预览

可以再次核对设定的航点信息。若准确无误，单击"确定"按钮。编辑框内会显示"上传成功"，则表示已成功上传航线。此时可以开始执行任务。

提示：同步之后，如需要重新编辑任务，需要再进行一次同步操作。

12. 无人机起飞

待白色 GO 按钮变成红色，单击，会看到无人机自主起飞，并按航线飞行。

注意：若机头前方有遮挡物，请先遥控无人机起飞到一定高度后，再单击红色 GO 按钮。

单击"暂停"按钮，可使当前飞行航线暂停。

提示：在任务执行期间，仍然可以通过"编辑"命令重新编辑任务。请在任务编辑器中单击"编辑"按钮，任务编辑器将返回第一步编辑飞行任务所描述的状态中。

3.3.3 倾斜摄影

1.航线规划

在利用无人机进行摄影测量作业时，一般会根据不同的项目要求使用不同的航线设置，如图 3-31 所示。目前规划航线的模式主要有摄影测量 2D 航线、摄影测量 3D 航线（井字飞行和五向飞行）、航点飞行、航带飞行、仿地飞行等多种智能规划航线的模式。

（1）摄影测量 2D 航线，适用于正射影像图的制作。

（2）摄影测量 3D 航线，分为两种：井字飞行和五向飞行，主要用于三维建模的倾斜摄影测量。五向飞行的数据量较大，后期计算得到的结果精度较高。

图 3-31　无人机自动规划界面

2.影像重叠度

影像重叠度是指相邻两张影像重叠的比例。

在利用无人机进行低空倾斜摄影测量时，需要提前设置好无人机拍摄影像的影像重叠度。影像重叠度会影响航线的密集程度，影像重叠度越高，影像数据量越大，相邻两条航线之间的距离越近，反之越远。

传统的航空摄影测量作业规范要求航向重叠要达到 56%～65%，以确保各种不同的地面至少有 50% 的重叠。根据《低空数字航空摄影规范》（CH/Z 3005—2010）："航向重叠度一般应为 60%～80%，最小不小于 53%；旁向重叠度一般应为 15%～60%，最小不小于 8%"。在无人机进行倾斜摄影测量时，不论是航向重叠度还是旁向重叠度，按照理论算法建议值为 70% 及以上。

第 4 章
无人机防控应用

　　近年来，伴随着经济、科技的不断发展，无人机作为一种飞行平台也在快速发展，不管是在军用领域还是在民用领域均获得了不错的口碑。凭借着高空、高速、隐身、长航时、不受地形限制等特性，无人机在战场中的情报收集、敌情侦察、战场监视、火力打击、通信中继、电子攻击等领域执行着越来越重要的任务，经常上演科技战场作战的场景。随着各国将无人机广泛应用于各个军事领域，无人机在战场上展现了过硬的综合作战能力。无人机在民用领域也得到了各行各业的积极响应，例如，在媒体影视行业，无人机被用于航拍摄影，大大减小了以往高空摄影的成本；在电力巡检方面，不仅降低了过去电力线路巡检的安全问题，还大大提高了巡检效率。类似于这种利用无人机来提高工作效益的创新型应用今后还会越来越普及。

　　然而，事情总是存在双面性，无人机在给国家、社会带来正面效应的同时，带来的负面效应就是对国家安全、公共社会治理安全的影响越来越大，因此，无人机反制防控技术也由此而产生。

❖ 本章目标

- 掌握无人机飞行的基本法规。
- 了解有关无人机的飞行的安全隐患。
- 了解有关无人机警用防控的基本方法。

4.1 无人机防控应用背景

无人机的负面效应确实让人们经历过血一般的教训，例如，2019年9月14日，沙特阿拉伯王国的沙特阿美石油公司所属的Abqaiq炼油厂和Khurais炼油厂遭到了突然袭击，造成厂区内众多的石油设施发生连环爆炸起火。该场袭击事故的罪魁祸首就是无人机，造成了大量的人员伤亡和财产损失。2018年的圣诞节前几天，两架无人机在伦敦盖特威克机场周围飞行，导致英国第二大机场停摆，直接造成数十个班次航班停飞，数以千计的旅客行程受到影响。为了更好地保障国家安全、公共安全、社会治安等，不得不对防控无人机、反制无人机这项技术进行大力研究。

近年来，伴随着无人机数量、应用领域的快速发展和广泛应用，在全球范围内因为无人机而造成的灾难愈演愈烈，无人机"黑飞""乱飞"问题非常严重。目前我国国内无人机的保有数量在120万架以上，但是持有驾驶执照的人数只有7000人左右，数据表明，我国绝大多数无人机都处于缺乏监管的"黑飞"状态。

因此，非法偷拍、跨境走私、骚扰航机、破坏输电线路甚至是恐怖袭击等安全事件时有发生，给人民的生活安全以及社会公共治安带来严重的干扰。尤其是目前，由于深受民众喜爱的航拍无人机具有低、慢、小的特点，在城市这种高楼大厦等复杂环境的掩护下，很难对其实行有效的管控。执行管控措施时，需要克服的困难就是在这种复杂的环境下怎样才能做到更加有效的预警、定位、追踪与识别。对于以前传统的手段（雷达、无线电测向、光电技术）来说，在城市环境中干扰因素太多的情况下，管控效果并不理想，也无法实现大规模组网干扰和对大片区域实施预警追踪。

反无人机探测的难点如下。

（1）多种电磁信号会对射频传感器的探测能力造成干扰，在城市中存在较多的干扰源，如通信天线、遥感系统、双向无线电，甚至电线和一些灯光都会干扰射频信号的探测能力。

（2）有些射频传感器也能够产生减弱无线电射频传感器的信号，使其在某些环境中存在潜在的危险。

（3）某些雷达及某些射频传感器在探测目标无人机时，需要将目标无人机安排在设备的视野范围内，但是在城市复杂的环境下这是非常麻烦的问题，因为建筑物的阻挡，无人机在传感器中可能只存在几秒钟，为数据信息的捕捉造成很大的困难。

（4）当无人机处于某种飞行姿态时，如悬停、垂直起降，对于使用自动算法（应用于雷达和摄像机）的一些探测装置，会更难发现目标无人机。

反无人机技术就是想尽一切办法发现无人机，实施精准定位，再运用各种手段来干扰无人机的硬件设备，阻断无人机与遥控器之间的通信，从而使无人机失去操控自由降落、返航，或者对 GPS 信号造成干扰而失去自身定位的数据，从而导致失控，无法再执行作业任务。

探测技术是指通过光电、雷达、无线电测向等技术对无人机实施监控、追踪、识别、分类等。通过无人机的电磁波、红外线等技术进行侦察，发现目标，并确定目标的空间位置，对其进行实时追踪。再利用多种传感器来获取目标所具有的特征并进行数据分析，实现目标的分类，做出最佳的预警、管控治理方案。目前主要的探测技术有三种：雷达探测技术、无线电侦测技术和光电探测技术。

1. 雷达探测技术

雷达探测技术是由雷达发射出电磁波，接收机通过接收目标表面反射回来的电磁波信号，对目标的形态、距离、位置、高度、速度等参数信息通过系统进行处理，以完成对目标的实时监测。针对无人机的特性，在雷达探测技术中使用较多的波段是 L 波段、KU 波段、毫米波段，运用了脉冲多普勒技术、有源相控阵技术、全相参、全固态技术。

2. 无线电侦测技术

无线电侦测技术就是通过无线电侦测设备找出区域内的无线电设备，对合法的无线电用户进行管控，对于一些非法信号，特别是对无人机在飞行时发出的控制信号和图传信号，区分之后对其实行干扰，阻断飞机飞控接受遥控器发出的指令，使无人机失去控制，从而无法完成任务。

3. 光电探测技术

光电探测设备是通过光电捕获设备对目标反射的可见光或者红外信息进行获取，分析，来获得目标的大小形状、方位、距离等信息，从而对目标进行实时监测和图像分类识别。

4.1.1　无人飞行器飞行条例及制度规定

无人机行业在我国发展十分迅速，可以说是将传统行业进行了进一步的升级，并为新型行业提供了更多有益的帮助。伴随着无人机的快速发展，我国的无人机飞行管理制度方案也在逐渐完善，但还是缺乏一些明确的法律条例进行治理，以至于在治理的过程中造成了"执行难""认定难"。

1. 飞行条例

据了解，我国在 2018 年首次推出了《无人机驾驶航空器飞行管理暂行条例（征求意见稿）》，该条例明确地对无人机按照质量（起飞时的空机质量）进行了分类。其中第二章规定：根据运行风险大小，民用无人机分为微型、轻型、小型、中型、大型。

微型无人机，指空机重量小于 0.25kg，设计性能同时满足飞行真高不超过 50m、最大飞行速度不超过 40km/h、无线电发射设备符合微功率短距离无线电发射设备技术要求的遥控驾驶航空器。

轻型无人机，指同时满足空机重量不超过 4kg，最大起飞重量不超过 7kg，最大飞行速度不超过 100km/h，具备符合空域管理要求的空域保持能力和可靠被监视能力的遥控驾驶航空器，但不包括微型无人机。

小型无人机，指空机重量不超过 15kg，或者最大起飞重量不超过 25kg 的无人机，但不包括微型、轻型无人机。

中型无人机，指最大起飞重量超过 25kg 不超过 150kg，且空机重量超过 15kg 的无人机。

大型无人机，指最大起飞重量超过 150kg 的无人机。

据了解，交通运输部在 2022 年 1 月再次出台文件，要求加快推进该条例的制定与出台。该条例也明确提出，除了微型无人机以外，只要空机质量不超过 4kg、最大起飞载重量不超过 7kg、最快飞行速度不超过 100km/h，且具备能够达到空域管理要求的置空能力和能够被可靠监视的遥控驾驶飞行器，都可以被称为轻型无人机。对于大众使用最广泛的民用无人机，一般都是微型和轻型这两种类型，对于民用无人机而言，都需要具有唯一的身份标识编码，而且民用无人机在飞行时，应当提前报送身份标识编码或其他证明身份的标识。而且不管是大、小型无人机，还是轻、微型无人机，驾驶员本身必须要保证"持证"驾驶。因为遥控操作人员，就像是汽车的驾驶员，一旦发生事故，操作人员就需要承担起相关的责任，要将制度落实到人。

轻、微型无人机飞行高度规范：微型无人机在禁飞区域以外往往不需要提前报备提交飞行计划。为了更加充分地展现尊重目前空域管理的特点，在保持之前整体制度不变的前提下，对 120m、50m 的安全高度进行了突破。在有安全保证的情况下，将 120m、50m 以下的空域向轻、微型无人机开放（禁飞区除外），合理地规定了无人飞行器的飞行需求。不过即使这样，飞行器也不能随心所欲地飞行，一些国家执法部门的周围空域都被规定为禁飞区。

2. 制度规定

从事通用航空飞行活动的单位以及个人，在使用机场执行无人机的飞行活动时，飞行空域、飞行航线，需要按照国家有关规定向当地飞行管制部门提前提出申请，经过相关部门批准后，才能进行下一步的飞行活动。如有违反，由飞行器操作人员或者单位承担相关的法律责任。

从事通用航空飞行活动的单位及个人，根据飞行活动的需求，需要规划临时飞行空域时，应当按照国家有关规定向当地飞行管理部门提出划设临时飞行空域的申请，而划设临时飞行空域的申请需要在使用临时划设空域 7 个工作日前向有关飞行管理部门提出。负责批准临时空域划设的飞行管理部门需要在申请人使用临时划设区域前 3 个工作日前做出批准或者不批准的抉择并通知申请人。

4.1.2 无人飞行器飞行空域

1. 无人机飞行空域设定原则

《无人驾驶航空器飞行管理暂行条例》第四章规定：无人机飞行空域划设应当遵循统筹配置、灵活使用、安全高效原则，充分考虑国家安全、社会效益和公众利益，科学区分不同类型无人机的飞行特点，以隔离运行为主，兼顾部分混合飞行的需求，明确飞行空域的水平、垂直范围和使用时限。

2. 微型无人机未经批准禁止飞行的空域

（1）真高 50m 以上空域。

（2）空中禁区以及周边 2000m 范围。

（3）空中危险区以及周边 1000m 范围。

（4）机场、临时起降点围界内以及周边 2000m 范围的上方。

（5）国界线、边境线到我方一侧 2000m 范围的上方。

（6）军事禁区以及周边 500m 范围的上方，军事管理区、设区的市级（含）以上党政机关、监管场所以及周边 100m 范围的上方。

（7）射电天文台以及周边 3000m 范围的上方，卫星地面站（含测控、测距、接收、导航站）等需要电磁环境特殊保护的设施以及周边 1000m 范围的上方，气象雷达站以及周边 500m 范围的上方。

（8）生产、储存易燃易爆危险品的大型企业和储备可燃重要物资的大型仓库、基地以及周边 100m 范围的上方，发电厂、变电站、加油站和大型车站、码头、港口、大型活动现场以及周边 50m 范围的上方，高速铁路以及两侧 100m 范围的上方，普通铁路和省级以上公路以及两侧 50m 范围的上方。

（9）军航超低空飞行空域。

上述微型无人机禁止飞行空域由省级人民政府会同战区确定具体范围，由设区的市级人民政府设置警示标志或者公开相应范围。警示标志设计，由国务院民用航空主管部门负责。

3. 轻型无人机管控空域

（1）真高 120m 以上空域。

（2）空中禁区以及周边 5000m 范围。

（3）空中危险区以及周边 2000m 范围。

（4）军用机场净空保护区，民用机场障碍物限制面水平投影范围的上方。

（5）有人驾驶航空器临时起降点以及周边 2000m 范围的上方。

（6）国界线到我方一侧 5000m 范围的上方，边境线到我方一侧 2000m 范围的上方。

（7）军事禁区以及周边 1000m 范围的上方，军事管理区、设区的市级（含）以上党政机关、核电站、监管场所以及周边 200m 范围的上方。

（8）射电天文台以及周边 5000m 范围的上方，卫星地面站（含测控、测距、接收、导航站）等需要电磁环境特殊保护的设施以及周边 2000m 范围的上方，气象雷达站以及周边 1000m 范围的上方。

（9）生产、储存易燃易爆危险品的大型企业和储备可燃重要物资的大型仓库、基地以及周边 150m 范围的上方，发电厂、变电站、加油站和中大型车站、码头、港口、大型活动现场以及周边 100m 范围的上方，高速铁路以及两侧 200m 范围的上方，普通铁路和国道以及两侧 100m 范围的上方。

（10）军航低空、超低空飞行空域。

（11）省级人民政府会同战区确定的管控空域。

未经批准，轻型无人机禁止在上述管控空域飞行。管控空域外，无特殊情况均划设为轻型无人机适飞空域。

植保无人机适飞空域，位于轻型无人机适飞空域内，真高不超过 30m，且在农林牧区域的上方。

每年 10 月 31 日前，省级人民政府汇总各方需求并商所在战区后，向有关飞行管制部门提出轻型无人机空域划设申请；11 月 30 日前，负责审批的飞行管制部门应予批复，并通报相关民用航空情报服务机构；12 月 15 日前，省级人民政府发布行政管辖范围内空域划设信息，国务院民用航空主管部门收集并统一发布全国空域划设信息；翌年 1 月 1 日起，发布的空域生效，有效期 1 年。

临时关闭部分轻型无人机适飞空域，由省级（含）以上人民政府或者军级（含）以上单位提出申请，飞行管制部门根据权限进行审批，并通报相关民用航空情报服务机构。临时关闭期限通常不超过 72h，由省级人民政府于关闭生效时刻 24h 前发布。遇有重大活动和紧急突发情况时，飞行管制部门根据需要可以临时关闭部分轻型无人机适飞空域，通常在生效时刻前 1h 发布。

4. 划设隔离空域与使用申请

1）隔离空域的划设

无人机通常与有人驾驶航空器隔离运行，划设隔离空域，并保持一定间隔。已发布的轻型无人机适飞空域不影响隔离空域的划设。符合下列条件之一的，可不划设隔离空域。

（1）执行特殊任务的国家无人机飞行。

（2）经过充分安全认证的中型、大型无人机飞行。

（3）轻型无人机在适飞空域上方不超过飞行安全高度飞行。

（4）具备可靠被监视和空域保持能力的小型无人机在轻型无人机适飞空域及上方不超过飞行安全高度飞行。

飞行安全高度及以上、跨越飞行安全高度的隔离空域间隔，应当高于现行空域间隔规定；低于飞行安全高度的隔离空域间隔，可以适当低于现行空域间隔规定。

2）隔离空域申请

隔离空域申请，由申请人在拟使用隔离空域7个工作日前，向有关飞行管制部门提出；负责批准该隔离空域的飞行管制部门应当在拟使用隔离空域3个工作日前做出批准或者不予批准的决定，并通知申请单位或者个人。

申请内容主要包括：使用单位或者个人，无人机类型及主要性能，飞行活动性质，隔离空域使用时间、水平范围、垂直范围，起降区域或者坐标，飞入飞出隔离空域方法，登记管理的信息等。

3）隔离空域划设权限批准

划设无人机隔离空域，按照下列规定的权限批准。

（1）在飞行管制分区内划设的，由负责该分区飞行管制的部门批准。

（2）超出飞行管制分区在飞行管制区内划设的，由负责该管制区飞行管制的部门批准。

（3）在飞行管制区间划设的，由空军批准。

批准划设隔离空域的部门应当将划设的隔离空域报上一级飞行管制部门备案，并通报有关单位。

4）隔离空域的使用期限

无人机隔离空域的使用期限，应当根据飞行的性质和需要确定，通常不得超过12个月。

因飞行任务需要延长隔离空域使用期限的，应当报经批准该隔离空域的飞行管制部门同意。

隔离空域飞行活动全部结束后，空域申请人应当及时报告有关飞行管制部门，其申请划设的隔离空域即行撤销。

已划设的隔离空域，经飞行管制部门同意后，其他单位或者个人也可以使用。

国家无人机执行飞行任务时，拥有空域优先使用权。

4.1.3　无人机运行管理规定

1. 无人机运行动态信息及计划申请

国家统筹建立具备监视和必要管控功能的无人机综合监管平台，民用无人机飞行动态信息与公安机关共享。国务院公安部门建立民用无人机公共安全监管系统。

从事无人机飞行活动的单位或者个人实施飞行前，应当向当地飞行管制部门提出飞行计划申请，经批准后方可实施。飞行计划申请应当于飞行前一日 15 时前，向所在机场或者起降场地所在的飞行管制部门提出；飞行管制部门应当于飞行前一日 21 时前批复。

国家无人机在飞行安全高度以下遂行作战战备、反恐维稳、抢险救灾等飞行任务时，可适当简化飞行计划审批流程。

微型无人机在禁止飞行空域外飞行，无须申请飞行计划。轻型、植保无人机在相应适飞空域飞行，无须申请飞行计划，但须向综合监管平台实时报送动态信息。

2. 无人机飞行计划内容

（1）组织该次飞行活动的单位或者个人。

（2）飞行任务性质。

（3）无人机类型、架数。

（4）通信联络方法。

（5）起飞、降落和备降机场（场地）。

（6）预计飞行开始、结束时刻。

（7）飞行航线、高度、速度和范围，进出空域方法。

（8）指挥和控制频率。

（9）导航方式，自主能力。

（10）安装二次雷达应答机的，注明二次雷达应答机代码申请。

（11）应急处置程序。

（12）其他特殊保障需求。

有特殊要求的，应当提交有效任务批准文件和必要资质证明。

3. 无人机飞行计划权限批准规定

（1）在机场区域内的，由负责该机场飞行管制的部门批准。

（2）超出机场区域在飞行管制分区内的，由负责该分区飞行管制的部门批准。

（3）超出飞行管制分区在飞行管制区内的，由负责该区域飞行管制的部门批准。

（4）超出飞行管制区的，由空军批准。

使用无人机执行反恐维稳、抢险救灾、医疗救护或者其他紧急任务的，可以提出临时飞行计划申请。临时飞行计划申请最迟应当于起飞 30min 前提出，飞行管制部门应当在起飞 15min 前批复。

申请并获得批准的无人机飞行计划，组织该次飞行活动的单位或者个人应当在无人机起飞 1h 前向飞行管制部门报告计划开飞时刻和简要准备情况，经放飞许可方可飞行；飞行中实时掌握无人机飞行动态，保持与飞行管制部门通信联络畅通；飞行结束后，及时报告飞行实施情况。

4. 无人机飞行间隔规定

隔离空域内飞行，无人机之间飞行间隔应当不低于现行飞行间隔规定。

隔离空域外飞行，无人机之间、无人机与有人驾驶航空器之间应当保持一定间隔。

执行特殊任务的国家无人机或者经充分安全认证的中型、大型无人机，可与有人驾驶航空器混合飞行，无人机之间、无人机与有人驾驶航空器之间的飞行间隔，均不低于现行飞行间隔规定。

轻型无人机在适飞空域上方不超过飞行安全高度飞行，小型无人机在轻型无人机适飞空域及上方不超过飞行安全高度的飞行，且同时满足下列条件的，无人机之间、无人机与有人驾驶航空器之间的飞行间隔不高于现行飞行间隔规定。

（1）能够按要求自动向综合监管平台报送信息，包括位置、高度、速度、身份标识。

（2）遥控站（台）与无人机、飞行管制部门保持续稳定的双向通信联络。

（3）航线保持精度上下各50m、左右各1000m以内。

（4）能够自动按照预先设定的飞行航线和高度自主返航或者备降。

轻型无人机在适飞空域上方不超过飞行安全高度飞行，小型无人机在轻型无人机适飞空域及上方不超过飞行安全高度的飞行，不能同时满足上述条件的，无人机之间、无人机与有人驾驶航空器之间的飞行间隔不低于现行飞行间隔规定。

5. 有关无人机飞行安全的其他管理规定

无人机飞行应当避让有人驾驶航空器飞行。轻型、植保无人机通常在相应适飞空域飞行，并主动避让有人驾驶航空器、国家无人机和小型、中型、大型无人机飞行；微型无人机飞行，应当保持直接目视接触，主动避让其他航空器飞行。

除执行特殊任务的国家无人机外，夜间飞行的无人机应当开启警示灯并确保处于良好状态。

未经飞行管制部门批准，禁止轻型无人机在适飞空域从事货物运输，禁止在移动的车辆、船舶、航空器上（内）驾驶除微型无人机以外的无人机。

在我国境内，禁止境外无人机或者由境外人员单独驾驶的境内无人机从事测量勘查以及对敏感区域进行拍摄等飞行活动。发现其违法飞行，飞行管制部门责令立即停止飞行，并通报外事、公安等部门及时处置。

与无人机飞行有关的单位、个人负有保证飞行安全的责任，应当遵守有关规章制度，积极采取预防事故措施，保证飞行安全。

微型无人机飞行，轻型、植保无人机在相应适飞空域飞行，两个及以上单位或者个人在同一隔离空域内飞行，无人机与有人驾驶航空器混合飞行，安全责任均由组织该次飞行活动的单位或者个人承担；其他飞行，安全责任依照相关规定执行。

无人机飞行发生特殊情况，组织该次飞行活动的单位或者个人作为飞行安全的责任主体，有权做出及时正确处置，并遵从军民航空管部门指令。组织民用无人机飞行的单位或者个人，应当在降落后24h内向民用航空管理机构提交书面报告。

对空中不明情况和违法违规飞行，军队应当迅速组织空中查证处置，公安机关应当迅速组织地面查证处置，其他相关部门应当予以配合。

飞行空域和计划的审批情况应当接受社会和用户监督。各级空域管理部门应当主动提供单位名称、申请流程、联络方法、监督方式，国务院民用航空主管部门、省级人民政府负责发布，遇有变化及时更新。

4.1.4　无人机飞行存在的安全隐患

民航专家认为，飞行安全事故的发生是由人、飞行器、材料、管理和环境五大因素造成的，这些因素直接或者间接造成了无人机飞行事故的发生，这些事故不仅带来人员伤亡或财产损失等危害，甚至可能引发群体性事件或政治性案件。

随着电子、能源、材料等技术领域的快速发展，无人机的速度、高度、飞行距离、稳定性、抗风性以及防水性能都在不断提高，这也造成了不少用户在飞行时过于盲目自信。随着通信技术的不断突破，超视距无人机也逐渐成为市场主流。但不少厂商的技术并不完善，却以精准定位、悬停、一键返回、避障等自主功能为卖点，这使得无人机炸机、飞丢等事件频繁发生。近年来，无人机伤人事件频繁发生，也引起相关部门的高度重视，加速推出无人机相关飞行法规、适航标准，加强技术研发、把控技术质量。

1. 无人机飞行主要安全隐患

（1）产品自身存在问题。目前无人机市场还属于不稳定阶段，各家企业技术不成熟，上架产品没有统一标准、质量检验。各家企业研发生产产品时容易出现生产规模小、产品质量把控不严等现象，材料、组装，甚至是抗疲劳性、防水性，没有严格试飞测试就摆上货架进行销售。还有不少智能设备在受天气、环境等因素影响后，发生计算偏差，导致无人机可靠性差。

（2）法律法规健全问题。虽然不少法规政策相继出台，但无人机仍然存在黑飞现象，主要是因为不少生产厂家的产品推出后，无法与政府职能部门取得联系，飞手飞行成本低、后果估计不足、产品参数虚标等，并且飞行中出了问题一般都是由消费者买单，后台数据由厂家监管，容易逃避责任。

（3）飞手安全意识不强。目前市场上的无人机数量与持证飞手数量完全不在一个量级上，不少飞手还是"零基础"飞行，看到产品介绍的智能化，感觉飞行是一件简单的事情，没有学习过相关的法律法规，容易引发安全事故。另外，很多经验丰富的飞手，在驾驶无人机时，容易疏忽大意，在人员密集区"炫技"，在危险地区飞行时存在侥幸心理。

有的飞手为了追求名利，甚至破解无人机限制，对飞行安全问题漠不关心。

2. 国内近期无人机飞行事故案例

2021年10月1日，郑州高新区无人机表演时突发集体失控事件，多架无人机向下坠落，直接落进围观人群中，现场工作人员迅速组织市民撤离，索性无人员受伤。

2022年2月14日，一架无人机迫降至宁国市一村民家房顶上，造成房屋破损。据该无人机公司发布的情况声明得知，当日在宁国市青龙湾机场开展无人机试飞，飞行过程中，该无人机因右侧机翼动力突然失效，导致无人机发生偏转后偏离航线。后无人机启动执行保护程序，以应急模式迫降在宁国市西津街道大村村一居民房屋楼顶，未造成人员受伤。

2022年3月11日，杭州萧山城厢派出所接到无人机预警系统提示，有一架无人机正在禁飞区附近空域飞行，随后综合指挥室调派附近巡逻警力前往处置，对周边空域展开巡查。由于无人机体积小，达到一定高度后，肉眼难以辨别，巡查警员到达现场后，立即联系指挥室，通过线上线下协同作战，迅速锁定目标并将正在操控无人机的男子当场查获。最终萧山警方根据《浙江省无人机驾驶航空器公共安全管理规定》对其所在公司处以20 000元的行政处罚。自2017年以来，杭州萧山机场曾多次发生无人机在机场净空区黑飞案件，造成多起多架航班延误或者备降，造成了不良社会影响。

多次无人机飞行事故警示我们，任何作业环境场景下，都要先以飞行安全为首，做到飞行前要检查好、飞行时要观察好、飞行后要保养好的"三好"操作。

4.1.5　无人机警用防控的必要性和重要性

随着无人机数量的逐渐增加，无人机管控难度也相对增加，不少飞手存在法律法规意识薄弱、风险防范意识不强等情况。也存在不法分子利用无人机之便进行偷运、偷拍等现象。为了防止造成社会危害和国家安全，需要采取必要手段来防止无人机违法、违规飞行，主要包括以下几方面。

（1）军事、政治敏感区域。

在重要地区、设备附近设置无人机防控设备，防止不法分子利用无人机远程监视、拍摄等活动，提高国家国防设备安全、政治信息安全，也能防止袭击、暴恐活动。

（2）防止边境走私、运输毒品等。

无人机垂直起降不易受起降环境限制，高空飞行时地面难以察觉，不法分子使用无人机进行边境勘察、走私运输等，边防官兵防范难、追踪难。也容易引发社会治安等群众问题。

（3）黑飞、乱飞现象。

无人机作为消费级产品，近年来取得了不错的市场销量，在增大保有量的同时，也增加了飞行危险系数，不少飞手在人员密集地区飞行发生事故也有不少案例。有的飞手为了拍摄机场航班起飞、降落视频，违规在净空区飞行。

（4）监狱等重点场所。

以监狱为例，近年来无人机侵入和威胁监管场所的事件时有发生。福州某监狱上空曾深夜经常发现无人机出没，在教学楼、行政办公楼和驻监武警营区等场所上空绕飞和悬停，而无人机的性质及盘旋原因未能查明。

航空安全是我国国家战略和国家安全的重要组成部分，是人民群众的安全线。未来，重点地区、场所都应设置必要的警用防控无人机设备，达到可查、可控的目的。

4.2 无人机警用防控应用案例

案例一：萧山国际机场无人机防控

近年来，民航领域无人机扰航事件（无人航空器干扰正常航班的事件）频频发生，严重威胁航空安全，对机场运营、旅客出行造成恶劣影响。由于机场环境复杂，安全系数要求极高，无人机管控难度非常大，普通的无人机管控技术手段难以应对。

2020年9月底，浙江省公安厅某队与某无线技术公司签署战略合作协议，携手打造"低空防御联合实验室"，在杭州萧山国际机场搭建无人机防御实验网络，针对机场净空区"低慢小"无人机防御展开科学研究，包括无人机探测预警、机型识别、定位跟踪和执法处置等，提升了萧山国际机场无人机防御能力。

案例二：进博会低空安全保障

2021年11月5～10日，第四届进博会在上海国家会展中心举行。此次高级别活动对安全工作要求非常高，其中，对无人机"黑飞"安全隐患也进行了重点防范。由于会展中心区域建筑密集，电磁环境复杂，对无人机防控工作的挑战较大。

以会展中心为核心部署多台TDOA（Time Difference of Arrival，一种无线电定位算法）无人机侦测装备，打造半径范围达3～5km的TDOA网格化无人机管控网，提高了无人机侦测预警与实时定位精度，同时7×24h自主运行模式也克服了"人防"的局限性，帮助执法人员及时发现并成功处置多起"黑飞"无人机事件。

案例三：央视春晚低空安全保障

中央广播电视总台春节联欢晚会在2019年2月4日举行，以中央电视台一号演播厅为主会场，同步设置吉林长春、江西吉安井冈山、广东深圳为分会场。为保障分会场节目彩排及正式表演的顺利进行，以及会场安全和内容的保密性，分会场加强了针对无人机的防范工作。

部署在吉林长春汽车厂央视春晚分会场的无人机管控系统为低空安全提供保障服务。针对低温严寒、楼房密集、电磁环境要求高等挑战，灵活部署 TDOA 无人机频谱侦测装备与反制装备，在 -25℃低温环境下连续无人值守运转工作，协助警方成功处置多起黑飞无人机事件，并助力警方抓获黑飞飞手，顺利完成分会场晚会的安全保障任务。

4.3　无人机警用防控应用技术概述

随着信息、通信以及智能制造等技术的不断发展，无人驾驶航空器（以下简称为"无人机"）的普及已成为必然趋势。工业和信息化部 2017 年发布的《关于促进和规范民用无人机制造业发展的指导意见》一文指出：

"到 2020 年，民用无人机产业持续快速发展，产值达到 600 亿元，年均增速 40%以上。到 2025 年，民用无人机产值达到 1800 亿元，年均增速 25% 以上。"

无人机的普及在各行各业产生了积极的效应，例如，在影视媒体行业，无人机被用于航拍，大大降低了过去高空拍摄的成本；再如，在电力行业，无人机被用于巡检，不仅降低了过去人力巡检的安全风险，还提高了工作的效率。类似利用无人机的创新型应用将会越来越普及。

然而凡事都有两面性，无人机的普及在产生正面效应的同时，也带来了负面影响，其中一项负面影响便是给社会带来了新的公共安全威胁。2018 年时任委内瑞拉总统马杜罗在一次公开活动中受到无人机携带炸弹袭击，造成了 7 人受伤，同时引发了民众恐慌骚乱；2018 年的圣诞节前，两架无人机在伦敦盖特威克机场周围飞行，导致英国第二大机场停摆，直接造成数十个班次航班停飞，数以千计的旅客行程受到影响。

如图 4-1 所示，无人机的飞行活动对人类的生产生活、公共安全特别是低空安全和隐私保护造成的负面影响越来越大，已经到了必须加强管控的关头。

图 4-1   无人机威胁分类

1. 国家相关政策号召加强无人机管控

公安部 2018 年 9 月 15 日发布的 688 号文件《关于无人机侦测反制装备列装配备的意见》中明确指出，要提高公安机关防范和应对无人机侵扰重要目标、重大活动的能力和水平，加快推进无人机管控的工作。并且要求在党政军核心区、首长住地、外事活动和其他重大安保任务涉及的警卫点线周边，核电站、炼油厂、储油库等易燃易爆危险区，重大活动举办场所配备无人机侦测反制装备，实现重点部位常态自动巡控、临时现场移动反制。

2. 无人机警用防控需求

如前文所述，随着民用无人机的不断普及，不受管控的无人机飞行活动给社会带来了越来越严重的负面效应，其中，公安部门作为敏感受限区域，其针对无人机的防控工作更应当作为重中之重。

结合现实的低空安全防控的应用场景分析，公安部门无人机防控系统应当具备如表 4-1 所示的能力。

表 4-1   某公安局无人机防控功能需求一览表

需求类别	需求内容
防控对象	"低慢小"无人机，对公安部门周边特别是重点保护区域形成安全威胁，还可能对某公安局保密工作构成侵犯

续表

需求类别	需求内容	
功能需求	侦测、识别	能及时发现进入相关区域的无人机目标，并对目标的厂家、型号等信息进行识别
	有效处置	能对一定区域内目标进行有效处置，将目标控制在重点保护区域之外
	操作简单	系统操作简单，相关人员可以快速掌握
	远程操控	系统支持人工/自动、本地/远程双操控模式
	全天候	系统支持 7×24h 全天候工作
	可扩展	支持同外部系统对接（如陕西省其他系统）

注："低慢小"是指无人机特别是民用无人机相比传统飞行器具有的飞行高度相对低（10～1000m）、飞行速度相对慢（0～30m/s）、机身尺寸相对小（目前市面上最小的微型无人机只有巴掌大小，约15cm长）的特点。

4.4　无人机警用防控应用建设方案

4.4.1　设计原则及建设目标

在充分考虑公安部门周边环境以及针对无人机防控的需求（如前文所述）的前提下，上海特金公司遵循如下的原则来设计某公安局无人机防控系统。

（1）联动性。系统下辖的各个无人机监测单元、反制单元要能进行充分的联动，从而实现"察打一体"，即在（哪怕是）无人值守的情况下发现目标靠近某些重点保护区域时，系统能自动实现对目标的处置，将目标阻击在保护区域之外。

（2）实战性。系统能较好地适应某公安局周边低空环境（包括物理环境和电磁环境），在环境约束下，通过先进的、有针对性的技术应用，充分实现前文总结的防控功能上的需求。

（3）可靠性。系统应具备长时间、常态化工作的能力，具有高可靠性，在发生突发情况下，能够通过冗余备份设计，自动、快速切换，保障防控工作不因突发情况的干扰而出现中断。

（4）扩展性。平台支持规模组网、灵活延展、无缝扩大覆盖，并且支持多级管控。

在以上设计原则的指导下，结合前文分析总结的某公安局低空安全防控的功能需求，特制定如下系统建设目标：依托上海特金公司近 20 年专注于无线电侦测和定位的领先技术，为某公安局构建一套融合人工智能、大数据、物联网、5G、边缘计算等新技术，旨在帮助某公安局建立起科学、合理防控无人机威胁的能力。

4.4.2　系统配置方案概述

针对公安部门无人机防控系统制定以下两种装备部署方案。

1. TDOA+ 固定式反制 + 便携式反制

根据现场环境配置 4 台 TDOA 无人机侦测装备、1 台固定式无人机反制装备、1 把便携式无人机反制装备（选配），实现对该区域侦测、预警、定位、追踪、处置五位一体的立体防控。

2. 车载式察打一体 + 便携式反制

在核心保护区域内配置 1 台车载式察打一体无人机反制装备、便携式无人机反制装备，实现对该区域侦测、预警、定位、追踪、处置五位一体的机动防控。

4.4.3　方案一：TDOA+ 固定式反制 + 便携式反制

本设计方案由前端硬件装备及后端软件系统组成，前端装备包含 TDOA 无人机侦测装备、固定式无人机反制装备、便携式无人机反制装备，实现公安局核心区域及其周边空域进行无人机侦测及预警，系统侦测到"黑飞"无人机进入到目标区域时，立即启动处置装备，自动或手动进行有效处置，将危险阻击在核心保护区外；并对处置事件进行记录存档，以便将来可举证、可回溯。

系统方案包含 4 台 TDOA 无人机侦测装备、1 台固定式无人机反制装备、1 把便携式无人机反制装备（选配），对区域内"黑飞"无人机实现有效管控。装备部署方案如图 4-2 所示。

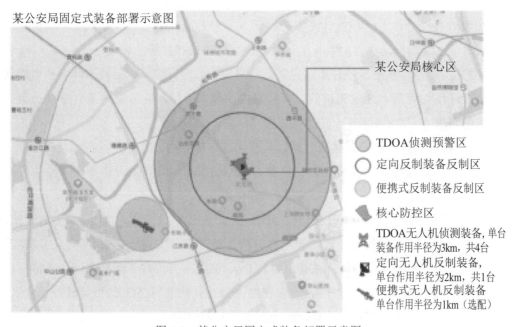

图 4-2　某公安局固定式装备部署示意图

1. TDOA 无人机侦测装备部署方案

本设计方案共部署 4 台 TDOA 无人机侦测装备，单台装备作用半径为 3km。实际工程实施时，可以选择将侦测装备安装在类似于栏杆、道路交通杆、路灯杆、围墙等位置上，降低装备安装环境建设工程量。

1）TDOA 无人机侦测装备架设方案

TDOA 无人机侦测装备体积小、重量轻，可根据实际场景灵活选择安装架设方式。根据周边环境，TDOA 无人机侦测装备可实现如下的安装方式。

（1）装备架设在交通杆、路灯杆上，与城市交通系统共用电源，如图 4-3 所示。

图 4-3　装备架设方案（交通杆、路灯杆）

（2）装备安装在建筑物楼顶，接入市电，如图 4-4 所示。

（3）装备通过支架架设在平坦地面，配套电源及网络，如图 4-5 所示。

图 4-4　装备架设方案（建筑物楼顶）　　　图 4-5　装备架设方案（平坦地面）

（4）装备可固定在栏杆上，有效监测防御，如图 4-6 所示。

（5）装备直接部署在保护单位围墙上，不影响市容市貌，如图 4-7 所示。

图 4-6　装备架设方案（栏杆）　　　图 4-7　装备架设方案（围墙）

2）侦测系统特点

（1）无缝覆盖。

区别于市面上其他方案，TDOA 无人机侦测系统类似手机蜂窝通信基站工作原理，无缝融合形成大网覆盖；对目标无人机实现全网全程侦测、定位、跟踪锁定，保障目标防御保护区域无盲区全面覆盖。

（2）精准管控。

TDOA 无人机侦测装备定位精度高（<30m），响应速度快（<2s），能精准识别无人机通信制式和频点频段，可对多目标、多型号无人机实施分离识别和分别管制。

（3）高扩展性。

标准接口，扩展能力强，支持分期建设，支持同其他智慧系统对接。

2. 固定式无人机反制装备部署方案

在 TDOA 无人机侦测装备部署基础上，根据环境和需求针对性部署固定式无人机反制装备，反制装备同侦测装备联动，实现"察打一体"。针对该区域部署 1 台无人机反制装备，单台装备作用距离为 2km。反制装备可以对目标进行有效反制，迫使目标被驱离或原地迫降进行收缴。

1）固定式无人机反制装备架设方案

实际部署时，无人机干扰装备可以采用简易支架安装在建筑物楼顶或平坦地面，其实际部署效果如图 4-8 所示。

图 4-8 反制装备实际部署效果图

（1）反制装备架设点供电条件：可与相关单位协商解决供电问题，或接入市电供电系统。

（2）反制装备架设点联网条件：有线网络（光纤、电话线等有线路连接）、无线网络（4G、5G 一般通过无线网卡）。

（3）其他物料准备：电源线、网线、防水箱、固定装置等。

2）反制装备特点

（1）察打一体。

同 TDOA 无人机侦测系统实时联动，实现"侦测、识别、定位、跟踪、反制"五位一体，自动响应、快速处置、智能化程度高。

（2）协同防御。

多台反制装备协同工作，实现对多个运动目标和跨区域目标进行协同打击，构建多层次防御体系。

（3）精准反制。

根据系统侦测定位功能给出的无人机通信和位置等信息，精准处置"黑飞"无人机目标，避免无差别攻击，一方面可以提升打击的效果和效率；另一方面能有效降低对铁路沿线无线电环境的次生干扰。

（4）环境友好。

运用特殊无线电磁波形波束设计，装备发射功率低，对铁路沿线电磁环境影响小；只在需要的时段、方位、频点开启相应反制装备，无线电干扰低。

（5）架设便捷。

反制装备体积小、重量轻，对安装环境要求低。

（6）灵活多态。

反制装备具备多种形态，如固定形态、手持形态、车载形态，可以充分满足不同环境下的无人机处置需要。

3.便携式无人机反制装备配置方案

1）装备配置方案

该便携式无人机侦测装备及便携式无人机反制装备由防控人员随身携带,进行巡逻。

2）系统作业方式

安保人员可以随身携带便携式无人机反制装备进行定时、定点巡逻,当便携式侦测装备侦测到附近存在"黑飞"无人机时,安保人员可使用便携式反制装备对入侵目标进行有效处置。便携式无人机反制装备搭配使用可以实现对管控区域内入侵目标进行处置。

4.4.4 方案二:车载式察打一体+便携式反制

本设计方案由前端硬件装备及后端软件系统组成,前端装备包含车载式察打一体装备和便携式无人机反制装备,实现对公安局核心区周边空域进行无人机侦测及预警,系统侦测到"黑飞"无人机进入到目标区域后,能及时有效地启动处置程序,自动或手动进行有效处置,将危险阻击在核心保护区外;并对处置事件进行记录存档,以便将来可举证、可回溯。

系统方案包含1台车载式察打一体装备、1把便携式无人机反制装备(选配),对区域内"黑飞"无人机实现有效管控。装备部署方案如图4-9所示。

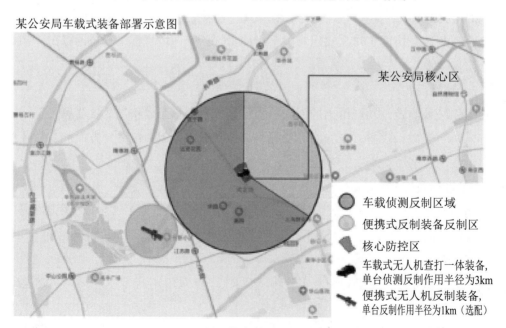

图4-9 某公安局车载式装备部署示意图

1. 车载式无人机察打一体装备部署方案

某公安局无人机防控系统在具备常态化防控基础上，在方案选择上还对移动执法装备作为常态防控的增补，可以有效提高防控系统的灵活性和机动性。根据某公安局实际情况，推荐配置 1 台车载式察打一体装备，装备具备"察打一体"功能，可以对3km 范围内低空移动目标进行有效拦截。

1）装备配置方案

该车载式察打一体装备用于机动巡控。由公安部门安排防控人员，在核心区域进行定时、定点机动巡逻，保障该区域低空安全。

2）察打一体系统作业原理

该车载式察打一体装备由 3 个 120° 侦测单元、3 个 120° 反制单元组成，对核心保护区实现 360° 无死角防控。其系统作业原理如图 4-10 所示。

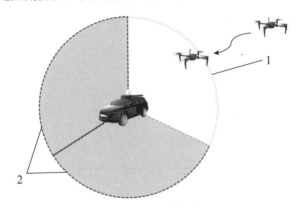

图 4-10　系统作业原理

图 4-10 中区域 2 为侦测预警区及有效反制区，侦测单元对侦测预警区内的无人机目标进行全天时、全天候侦测，系统一旦侦测到入侵目标，立即开启相应方向的反制单元（图 4-10 中区域 1 为开启状态的反制单元），对非法目标实现有效处置，可以实现发现即处置，从而保障 3km 范围内的低空安全。

2. 便携式无人机反制装备配置方案

便携式无人机反制装备方案已在 4.4.3 节中详细介绍过，此处不做赘述。

4.4.5　系统组网方案

该无人机防控系统由前端装备和后端管控平台两部分构成。其中，布设在保护区域的前端装备可以通过公安局内网进行互联（TDOA 无人机侦测装备和固定式无人机反制装备也可视需要采用如 4G 在内的无线方式同后台实现互联），前端装备采集到的数据对应到公安接口的数据中心，在数据中心进行统一存储和处理。系统组网方案如图 4-11 所示。

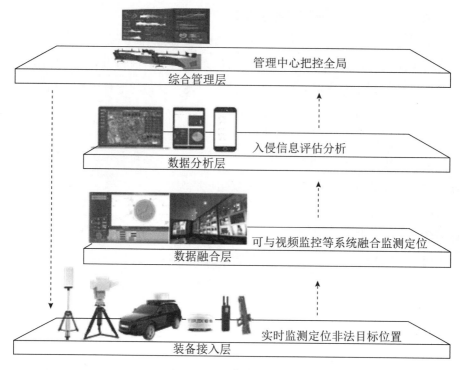

图 4-11　系统组网方案

某公安局无人机防控系统作业流程如图 4-12 所示。

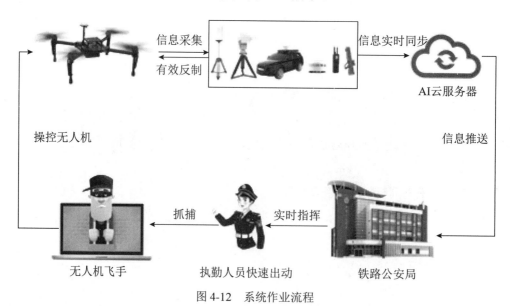

图 4-12　系统作业流程

前端信息采集装备实时侦测保护区的状况，发现无人机入侵立即告警，结合系统预设状态（打击处置区域、手动／自动处置方式），根据实际情况对目标进行处置，必要时根据软件管理平台对无人机飞手进行跟踪定位，派遣执法人员进行抓捕处理。

4.4.6　设备配置方案

TDOA 无人机侦测装备如图 4-13 所示，用于无人机侦测、识别。其原理是基于频谱感知和人工智能技术，对无人机的飞控链路和图传链路进行识别分类。该装备既可独立自动运行，也可以作为侦测单元，融合到其他无人机管控平台。

TDOA 无人机侦测装备系统特点如下。

（1）无源侦测，无电磁污染，环境友好。

（2）侦测范围宽，具备全频段实时频谱分析、无人机识别和电磁频谱管理的功能，侦测范围为 100MHz ～ 6GHz。

（3）系统可侦测识别 WiFi、模拟图传以及数传无人机。

（4）系统除可侦测识别大疆主流系列无人机外，还可识别 FPV 等无人机。

（5）支持多台装备基于 TDOA 进行联合组网，形成对目标无人机的持续跟踪定位，实现大区域的无缝管控。

（6）整机一体化设计，便于安装和运输；防护等级高，适用范围广。

（7）有远程升级功能，维护方便。

图 4-13　TDOA 无人机侦测装备

（8）装备采用标准网络接口，可独立运行，也可以作为侦测单元，融合到其他无人机管控平台。

其主要技术参数如表 4-2 所示。

表 4-2　TDOA 无人机侦测装备技术参数

项目	参数
工作模式	无线电侦测
作用对象	无人机图传、飞控链路、导航信号
工作频段	100 ～ 6000MHz （包括但不限于 400MHz、500MHz、800MHz、900MHz、1.2GHz、1.4GHz、2.4GHz、5.1GHz、5.8GHz、5.9GHz）
侦测距离 /km	≥ 5
侦测识别种类	包含但不限于 WiFi、模拟图传、数传无人机
同时侦测数量	≥ 10
尺寸 /mm	$L \times W \times H$：260×260×637

续表

项目	参数
重量 /kg	≤ 10
工作温度	−20℃～ 55℃
系统功耗 /W	≤ 50
系统供电	交流 220V / 直流 12V
系统接口 /MB	100/1000 以太网
防护等级	IP66

TDOA 无人机侦测装备可侦测识别多种类型无人机目标，如我国的大疆公司、小米公司、大华公司、法国的 Parrot 公司、美国的 Propel 公司、3DRobotics 公司等企业生产的近百种型号的无人机，大部分穿越机，使用跳频数传模块的无人机，使用模拟图传的无人机，以及部分自制无人机。系统具备在线升级能力，可持续提升无人机非合作目标的识别类型和数量。

4.5　无人机警用防控应用技术模块

1. 实时频谱监测模块

低空安全防控系统可进行多频段 24h 频谱监测，系统具备 100MHz ～ 6GHz 全频段检测能力，能有效发现 DIY 无人机。软件界面如图 4-14 所示。

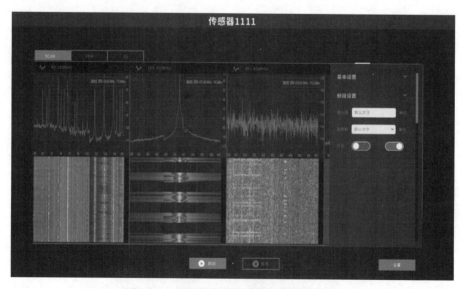

图 4-14　无人机信号多频段实时频谱监测

2. 保护区自定义模块

系统支持保护区自定义功能，用户可根据实际需求设置保护区大小及形状，其软件界面如图 4-15 所示。

图 4-15　保护区自定义

3. 异常信号快速报警模块

无人机防控系统监测到"黑飞"无人机信号后进行报警。监测到黑飞无人机信号并报警的软件界面如图 4-16 所示。

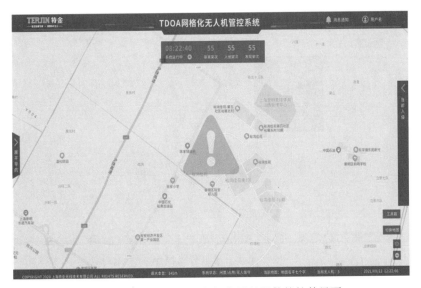

图 4-16　监测到黑飞无人机信号并报警的软件界面

4. 入侵机型识别模块

监测到黑飞无人机信号并报警后，系统自动将监测到的无人机的频谱信息与数据库中的各种无人机型号的频谱信息进行对比，识别出黑飞无人机的型号。无人机型号识别的软件界面如图 4-17 所示。

图 4-17　无人机型号识别

5. 装备异常提醒模块

系统软件界面可显示各前端装备的工作状态，防控人员可在软件界面收到装备异常提醒，并且支持远程一键重启等功能，其软件界面如图 4-18 所示。

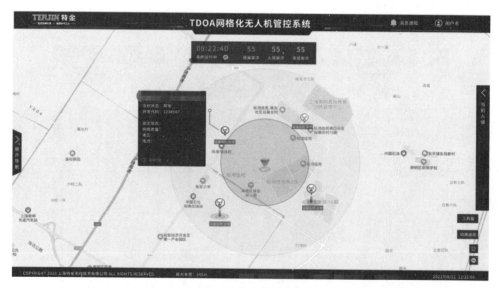

图 4-18　装备异常提醒

6. 黑白名单功能模块

系统支持黑白名单设置功能，通过对合作无人机目标进行标记，有效区分敌友，避免无差别打击。其软件界面如图 4-19 所示。

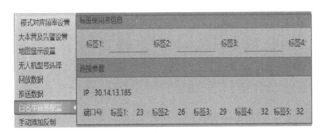

图 4-19 黑白名单设置

7. 无人机轨迹跟踪模块

根据识别到的无人机型号信息和频谱特征，系统自动进行黑飞无人机轨迹跟踪。黑飞无人机轨迹跟踪示意图如图 4-20 所示。

图 4-20 无人机轨迹跟踪示意图（多目标轨迹追踪）

8. 数据回放追溯模块

系统支持无人机入侵数据回放追溯，其软件界面如图 4-21 所示。

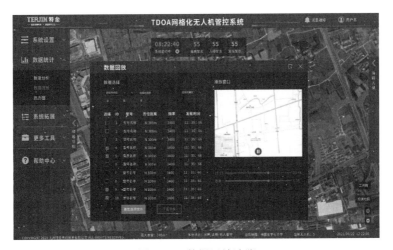

图 4-21 数据回放追溯

9.数据分析报表模块

系统后台自动生成入侵数据分析报表，管理员可自行设置报表输出内容、输出方式等，系统支持报表查看、导出功能，为管理方研究无人机入侵行为习惯提供数据支撑。其软件界面如图 4-22 所示。

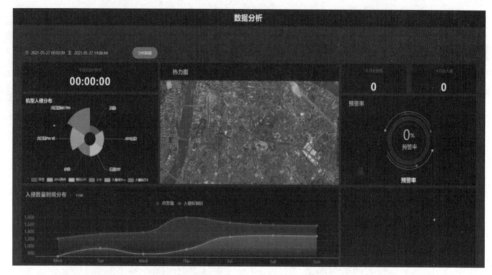

图 4-22　数据分析报表生成

第 5 章
无人机监测跟踪应用

　　随着无人机的发展，越来越多的行业中开始出现无人机的身影，如影视航拍、国土资源调查、地形测绘、军事侦察、警用巡逻、交通指挥、应急救援、竞赛娱乐等多方面，无人机也逐渐融入人们的生活中。但无人机在给人们的生活带来便利的同时，有些不法分子会利用无人机进行非法作业，如非法测绘、毒品走私、偷拍军事基地向境外传输情报，更有甚者在机场附近进行无人机操作，扰乱机场秩序，严重威胁航班的安全。想要杜绝此类行为，一方面要提高操作者的安全意识，另一方面必须建立一套完整的无人机监测跟踪系统，能够在机场、监狱、加油站、军事基地等地区安装部署，起到防范和反制无人机的功能，维护信息安全和生命财产安全。

❖ 本章目标

- 了解无人机监测跟踪的背景和目的。
- 了解无人机监测跟踪的多种方法。
- 了解一些典型的无人机监测跟踪产品。

5.1 无人机监测跟踪应用的背景

1. 概述

近年来，随着我国国家综合能力的不断提高和改革开放力量的逐步增强，我国的边境线、铁路车站等的安全形势也更加严峻，境外的反华势力以及非法分子蠢蠢欲动，企图突破国家的海岸线渗入境内威胁我国国家安全的情况屡见不鲜；此外，边防地区的偷渡、走私、贩枪、贩毒以及越界捕捞、非法测绘活动也干扰着边防治安。

2. 旋翼无人机带来的负面效应

无人机产业的快速发展，再加上无人机本身具有的诸多优势，可以为各行各业提供便利，所以无人机在个人娱乐、影视航拍、农业植保、地形测绘、环境监测、电力巡线等领域应用广泛。

同时也产生了一批以无人机运营为主的企业。目前无人机作业形式对于部分传统的通用航空公司作业领域的替代作用已经非常明显。例如，在农田的农药喷洒中，无人机的优点是显而易见的。

但与此同时，从事无人机经营活动的企业及个人使用缺乏规范管理，相关针对性的技术手段更是严重滞后，特别是境外敌对势力、恐怖分子以及犯罪集团，利用无人机进行犯罪活动的例子层出不穷。

1）偷运违禁物品

早在 2015 年，美国就曾在美墨边境处查获一起毒品走私案，令人感到惊讶的是毒贩们新型的运毒工具。毒贩运输毒品的工具不是汽车或其他交通工具，而是一架经过改装的无人机（图 5-1），这也成为历史上查获的第一起以无人机为运毒工具的跨境毒品走私案。

同样，在澳大利亚和巴西也出现过此类违法犯罪事件。犯罪分子们利用各类新型的无人机进行毒品走私。

对于毒贩而言，很容易就可以买到不同类型的无人机，并且价格较低，有足够的飞行时间和续航距离，也可以最大程度地避免人员运毒被发现的风险，所以通过此类事件也提醒了我们，要采取一些强制措施，严防偷渡入境的无人机，不给犯罪分子机会。

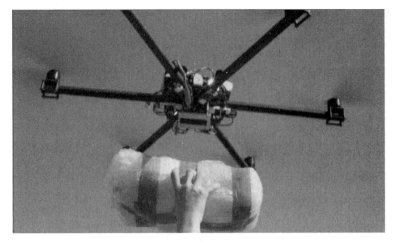

图 5-1　利用无人机进行贩毒

2）敏感区域航拍

在我国某军用机场附近，曾发生有无人机被不明人士操控，闯入营区内，疑似对营区内的设施进行拍照录像的事件。营区军方人员立即采用了无人机防御系统，对无人机进行捕捉。

3）危险用途

民用级无人机在低空性能较好，速度容易控制，体积又小，所带来的噪声也小，飞行特征和普通的鸟类非常相似，雷达一般很难发现。再加上无人机上所配置的高清影像系统，为巷战提供了巨大的便利。所以一些局势不稳定、发生战争冲突的地区通常会将消费级无人机投入到战场上使用。

某些民用级无人机除了搭载了高清的摄像头之外，还有一项探索者模式，该模式通过光学变焦和数码变焦，可以将飞行器上的镜头放大到 28 倍，即使无人机飞得很高，也可以很清楚地看到地面信息。在此之前，还有人为此专门研发了一些适用于消费级无人机的配件，以便在战场上更好地使用。

民用级无人机本身已经具备了无人机的各种功能，也有一定的载重能力，只需要经过简单的改装，就可能成为一个小型的炸弹投掷器。如果再加上一个遥控器就变成了一个小型航弹，可用于投放小型的炮弹、手榴弹。

由此可见，民用级无人机一旦被投入到战场，就会给人员带来灾难，所以必须研制一套可以监管无人机飞行，甚至于消除在空中具有潜在威胁的无人机，来保护地面人员的安全。

3. 先进技术发展导致管控手段落后

目前市面上的民用级无人机大多为旋翼型无人机，内部集成了先进的民用级飞控系统和电子技术。但是针对此类民用级无人机为代表的飞行空域比较低、速度比较慢、体积比较小的无人航空器所带来的威胁，以现有的常规化武器装备很难对其做到有效的拦截，甚至无法做出有效的防御措施，这就使得如何有效防御此类"低慢小"航空器所带来的干扰破坏，成为一些重点区域、重大活动需要面临的重要安保难题。

因此，目前世界各国都在积极研发对"低慢小"航空器的预警探测、处置拦截技术。研制无人机防控装备，提高自己的防空系统，以及对低空、超低空目标的探测、识别、跟踪和处置能力。

4. 公安及边防部门持续引入新的方法与手段

边防武警承担着我国治安管理的责任，一直在不断加大打击边境违法犯罪活动的力度，坚决遏制不法分子在我国边境、海岸线上进行偷渡、走私、贩毒等违法犯罪活动。为保障我国国家的领土安全，守卫人民生命财产安全，维护国家利益，现已引入了专门针对无人机窥探、入侵的智能管制、反制系统。目前，利用新型的科学技术增强对我国边境线、海岸线的安全监控管理，成为公安机关和武警边防部门的首选。

针对无人机的特点而发展的雷达设备、无线电侦测设备、光学识别跟踪设备、导航定位诱骗设备、飞控无线电压制设备、便携式飞控无线电压制设备（单兵干扰枪）等无人机监测反制设备，在常规的安保活动中起到了越来越重要的作用。

5. 多种先进设备之间如何协同工作

各种无人机反制设备都有自己的长处与短处，彼此之间取长补短方可发挥最大作用。在无人机反制设备发展初期，由于各家单位有自己的专业领域，不同设备之间数据不能通信，情报不能共享，每一个设备都需专用软件单独操作，指挥调度均需多名操作人员进行协调，在信息交换期间，别有用心的无人机迅速飞入纵深空域，宝贵的反制时机转瞬即逝。

反制无人机智能指挥控制系统是在无人机行业蓬勃发展、黑飞事件层出不穷的背景下出现的多传感器及执行部件智能协同的系统产品，可将雷达、无线电侦测设备、导航定位诱骗设备、飞控无线电压制设备全部接入，为用户提供数据呈现、数据分析以及决策参考，主要通过先进的信号处理技术、信息整合技术、人工智能技术等信息化处理技术，对辖区内的低空空域实施被动监听、主动侦察，对各类非法飞行、测绘、运输等违法犯罪行为进行实时监测、证据提取、动态打击。

5.2 无人机监测跟踪应用的技术概论

5.2.1 雷达探测技术

1. 雷达

雷达（图 5-2）主要利用发射和接收无线电磁波的方式来检测目标，且能获知目标所在的空间位置。因此，雷达也可以称为"无线电定位"。雷达首先会发射一束电磁波，当目标物体接触到这束电磁波后，目标物会将接收到的电磁波再次反射回到雷达的接收装置上，由此便可以获得目标至雷达的距离。根据多普勒频移可计算出两者之间距离的变化率（径向速度）、方位、高度等信息。

图 5-2　雷达

不同的雷达有不同的用途，其结构也不尽相同，但雷达的外形区别不大，一般具有负责信号发射的发射机和发射天线、负责接收回波信号的接收机和接收天线，信号的处理部分，以及显示探测结果的显示器。除此之外，还需要有配套的供电设备，数据记录与读取设备，能够抵抗外界无线电干扰的设备等其他辅助设备。

雷达的根本作用是获取信息，与人身体上的眼睛或耳朵相似，以电磁波为信息载体，在空间传播。电磁波在真空中的传播速度等同于光速，且在同种均匀介质中才能沿直线传播。利用电磁波传输信息的领域非常广泛，其中最常用的就是移动通信领域。雷达通过发射电磁波和接收反射回来的电磁波来获取信息，如目标物体与雷达固定点的距离、远离或接近速度、目标方位、高度等。

雷达测距原理是通过发射与接收电磁波延迟时间的双倍距离除以传播速度来计算的。

雷达测速原理是雷达通过检测其自身与目标物体相对运动产生的多普勒效应。常见的现象是，当一辆鸣笛的救护车向我们驶来时，我们听到的鸣笛声音调变高；反之，当救护车远离我们时，我们听到的鸣笛声音调变低。这就是典型的多普勒效应，如图 5-3 所示。这是因为救护车向我们驶来时，波峰与波谷发出的位置不同，也就是当我们听到波谷的时候，实际上要比静止时传播的距离缩短了，传播的时间也缩短了，听到的频率产生了变化，音调也就随之产生了变化。无线电也会产生多普勒效应。当无线电发射源向着固定点移动时，无线电的频率就会增高，反之频率降低。频率的微小变化称为多普勒频率。通过捕捉多普勒频率来测得目标物体的运动速度。通过计算得出：目标的径向速度越大，多普勒频率越高；雷达工作波长越短，多普勒频率越高。

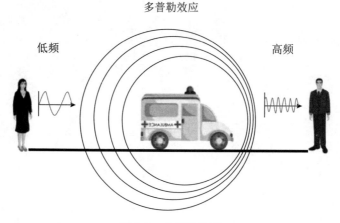

图 5-3　多普勒效应

雷达将电磁波在极窄的方向上径向发射，遇到目标物体后，测得反射回来的角度、倾斜距离及时间，经过计算得出目标物体与大地的垂直距离。但地球表面不是平面而是曲面，所以目标物体高度的近似公式为：

$$h=d\sin\theta+\frac{d^2}{2R}$$

其中，R 表示地球的半径（约等于 6370km），其余参数如图 5-4 所示。

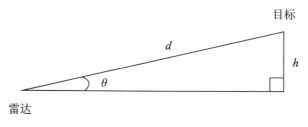

图 5-4　雷达测距示意图

雷达具有全天候实时监测的特点，且不被云、雨、雾等天气阻挡，有一定的穿透能力，能远距离探测。在军事领域，雷达已经成为不可或缺的电子设备；在民用领域，雷达在空管系统、气象监测、资源探测、科学研究等领域广泛应用。未来，雷达在机场建设、地质调查、洪涝灾害等领域发挥作用的潜力巨大。

2. 雷达的分类

雷达目前的种类繁多，其分类的方法也非常复杂，其分类形式如表 5-1 所示。

表 5-1 雷达的分类形式

分类形式	类型
用途	主要分为军用和民用两类
定位的方法	主要分为有源雷达、半有源雷达、无源雷达等
装设的地点	主要分为地面雷达、舰载雷达、航空雷达、卫星雷达等
雷达信号形式	主要分为脉冲雷达、连续波雷达、脉部压缩雷达和频率捷变雷达等
角跟踪的方式	主要分为单脉冲雷达、圆锥扫描雷达和隐蔽圆锥扫描雷达等
雷达的频段	主要分为米波雷达、分米波雷达、厘米波雷达、毫米波雷达和其他波段雷达、超视距雷达、微波雷达和激光雷达等
目标的测量参数	主要分为测高雷达、二坐标雷达、三坐标雷达、敌我识对雷达和多站雷达等
天线的扫描方式	主要分为相控阵雷达和机械扫描雷达
采用的技术和信号处理方式	主要分为相参积累和非相参积累、动目标显示、动目标检测、脉冲多普勒雷达、边扫描边跟踪雷达、真实孔径雷达（RAR）、合成孔径雷达（SAR）和干涉雷达（InSAR）等

我国对频率范围的划分如表 5-2 所示。

表 5-2 我国对频率范围的划分

名称	符号	频率	波段	波长	传播特性	主要用途
甚低频	VLF	3～30kHz	超长波	1000～100km	空间波	海岸潜艇通信；远距离通信；超远距离导航
低频	LF	30～300kHz	长波	10～1km	地波	越洋通信；中距离通信；地下岩层通信；远距离导航
中频	MF	0.3～3MHz	中波	1km～100m	地波天波	船用通信；业余无线电通信；移动通信；中距离导航
高频	HF	3～30MHz	短波	100～10m	天波地波	远距离短波通信；国际定点通信

名称	符号	频率	波段	波长	传播特性	主要用途
甚高频	VHF	30～300MHz	米波	10～1m	空间波	电离层散射（30～60MHz）；流星余迹通信；人造电离层通信（30～144MHz）；对空间飞行体通信；移动通信
特高频	UHF	0.3～3GHz	分米波	1～0.1m	空间波	小容量微波中继通信（352～420MHz）；对流层散射通信（700～10000MHz）；中容量微波通信（1700～2400MHz）
超高频	SHF	3～30GHz	厘米波	10～1cm	空间波	大容量微波中继通信（3600～4200MHz）；大容量微波中继通信（5850～8500MHz）；数字通信；卫星通信；国际海事卫星通信（1500～1600MHz）
极高频	EHF	30～300GHz	毫米波	10～1mm	空间波	载入大气层时的通信；波导通信

1）合成孔径雷达

合成孔径雷达通常安装在如飞机或航天器这类移动平台上，目标物与雷达保持相对静止时效果会受到影响。合成孔径雷达最早源自于一种先进的侧视机载雷达（SLAR），如图 5-5 所示。雷达的分辨率在波长、频率不变的情况下与天线的直径成正比，天线的直径越大，雷达的分辨率就越高，无论孔径是物理的（大天线）还是合成的（移动天线），只要天线越大，就可以拥有更高的分辨率。

图 5-5　合成孔径雷达

合成孔径雷达成像分辨率要远高于其他普通雷达，原因在于它们的角度分辨能力不同。对于普通雷达，一个雷达波束的角度基本与它的工作波长成正比（图 5-6 和图 5-7），和天线的直径成反比，大约等于 65× 波长 ÷ 直径，如战斗机雷达，波长如果是 3cm，天线直径 1m，那它所产生的雷达波束大约为 1.95°，这一束雷达波飞到 20km 以外的宽度就是 680m。这就意味着左右距离不超过 680 m 的两个目标在这个雷达眼里就是一个目标，它无法监测得再具体。这样的角分辨率对空战来说，影响还不大，但是如果监测地面目标就显得力不从心了。即便是把天线放大到 10m，波束宽度也只能缩小到 0.2°，20km 外的分辨率是 68m。假如这里有两架飞机，那么通过这个雷达看也会认为是一个，更不用说看出地面上的坦克、大炮和碉堡了。

图 5-6　小孔径雷达的探测范围　　　　图 5-7　增大雷达孔径后的探测范围

于是，人们提出采用频率分析方法，从而改善雷达的分辨率。假设还是 3cm 波长，天线直径 1m 的雷达，波束宽度为 1.95°，20km 以外的分辨率依然还是 680m。首先让雷达指向正侧方，飞机向前飞行，雷达会向侧面发出雷达波，收到回波就表明那里有目标，但此时并不知道目标的具体位置，因为目标的宽度并没有超过 680m，所以此时目标可能在这 680m 当中的任何一个位置。于是，此时就需要分析雷达回波的多普勒频率，如果目标在上方的位置，因为飞机正在往前飞，于是目标与飞机之间的距离就会缩小，雷达接收到的回波将会发生多普勒频移，频率会增加；相反，如果目标物在下方，则与飞机之间的距离增加，频率会减小（图 5-8）；目标如果在中间，回波频率基本不会变化。于是通过对比回波的多普勒频移，就可以知道目标在这个雷达波束中更具体的位置，是靠上、靠下还是居中，这就相当于把一束雷达波分成了三份，角分辨率也从 1.95° 提高到了 0.65°。

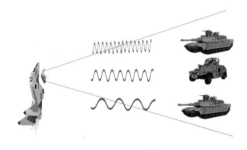

图 5-8　频移

频率分析时不仅可以检测多普勒频移是加还是减，还可以检测出加减的程度，这就相当于把这一个波束分成了 11 个，角分辨率更是一下达到了 0.18°，再把 1m 的天线换成 10m 的天线，角分辨率就是 0.02°，20km 以外的分辨率是 6.8m，这样就可以看清楚建筑物了。如果想进一步精细检测，把分辨率提高到 0.01° 以上，这样就可以识别坦克车辆了。这就相当于天线孔径高达 200m 的普通雷达。当然这里有个前提条件，雷达装在飞行器上，飞行器是侧面对着目标飞行，如果正对着飞行，左、中、右目标的多普勒频移几乎一样，是区分不出来的。但是斜对着目标飞，只要角度够大，能够比较出回波多普勒频移的区别，频移最小的在波束内最左侧，频移最大的在右侧。通过信号分析处理后，1m 孔径雷达的探测效果就相当于 10m、100m 的天线。就好像通过移动，把一个个本来只有 1m 孔径的小天线合成为 10m、100m 孔径的天线（图 5-9），这就是合成孔径雷达。

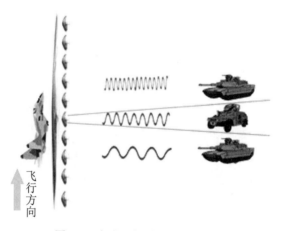

图 5-9　合成孔径雷达的探测范围

2）相控阵雷达

相控阵雷达（Phased Array Radar，PAR）不同于传统的机械式扫描雷达，是一种多个天线组成的阵列，阵列中的每个天线都可以发射电磁波，这些电磁波之间相互影响，产生干涉现象，经过干涉后的雷达波会改变自己的相位，进而改变雷达波束的方向。所以相控阵雷达不需要自己转动就可以进行全方位的扫描。相控阵雷达都是平板状的，也可根据需要不断增大面积，安装在飞机、舰艇上，甚至可以在地面上搭建超大型相控阵雷达，如图 5-10 ～图 5-12 所示。

图 5-10　机载相控阵雷达　　图 5-11　舰载相控阵雷达　　图 5-12　陆基相控阵雷达

雷达通过天线发射和接收信号，传统的雷达一般只有一个或者两个天线，所以需要雷达不停地转动才能实现对特定方向上目标物体的监测和跟踪。如果把许多小天线拼起来连成一片，这就是阵列，也就是相控阵雷达的基础。虽然每个小的天线发射功率很小，只有几瓦或者几十瓦，但是几百上千个小天线拼在一起，功率要比传统的单个天线大很多。

相控阵雷达通过天线阵列，具有电子扫描的灵活性、快速性以及能够按时分割原理和多波束，可以做到同一时间内形成多个独立的电磁波束，在同一时间内完成对多个目标的搜索、跟踪、捕获、识别、（飞机）引导、（导弹）制导及战果评估等功能，一个高技术的相控阵雷达相当于多部普通雷达。

相控阵雷达分为无源和有源两种类型。

（1）无源相控阵雷达。

无源相控阵雷达上的每个天线的发射信号具体放大到多少，或者接收到的回波信号能放大到多少，这些在无源相控阵雷达的小天线上都必须是一样大的，并且是固定的。因为这些小天线上并没有独立的放大器来增强，信号强度完全依靠整个阵列面后面的、雷达统一的放大器来决定（图5-13），中央发射机发射一列信号，信号经过放大器放大，之后直接通过天线发射出去。在无源相控阵雷达中，每一个小天线的信号收发的调整都是一个完全被动的过程。

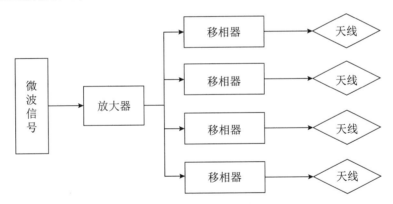

图 5-13　无源相控阵雷达结构

（2）有源相控阵雷达。

有源相控阵雷达的每个小天线单元都是独立控制的，具有独立的信号放大器，所以在雷达发射信号时，每个天线收到的都是一个弱信号，小天线可以根据需要，通过自己的信号放大器将信号放大到不同的程度（图5-14）。这种像一般雷达一样能够控制自身功率变化的小天线，被称为 T/R 模块。把若干个模块封装在一起，便于供电和散热的雷达制造领域的工艺称为 T/R 组件。在发射信号时，通过 T/R 组件不同强度和相位的组合，不同的子阵面就能够承担不同的功能，除了雷达传统的搜索和跟踪功能之外，还能够进行电子干扰和远程通信。

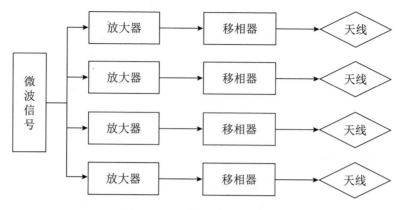

图 5-14 有源相控阵雷达结构

从功能的多样性来说，有源相控阵雷达相比无源相控阵雷达，就像智能手机和老式按键手机的区别一样大。由此可见，不管是性能还是研发制造难度，有源相控阵雷达都比无源相控阵雷达要高很多。

相控阵雷达具有能够同时监测多个目标、具备多种功能、抗干扰能力强、反应速度快、可靠性高的优点。所以相控阵雷达一直以来都是各国研发雷达技术的主要方向之一。

3. 雷达监测

当无人机没有主动发射射频信号，或发射的射频信号无法可靠检测时，那么使用雷达技术可能是探测、跟踪无人机的一种不错的方法。与光学传感器相反，雷达是有源传感器，它们可以不分昼夜地工作。

近年来，"低慢小"无人机由于获取便利、应用广泛而呈现爆炸式增长。"低慢小"无人机在带来产业升级的同时，也带来了各种安全威胁。

"低慢小"无人机的威胁形式有以下几种。

（1）无恶意闯入禁飞区，即"黑飞"。

（2）失控。

（3）恶意进行侦察监视、直接攻击、引导或配合攻击。

所以对于无人机的雷达探测，主要问题是要解决城市环境下的建筑物反射和电磁干扰的问题。"低慢小"无人机主要出现的场景是城市环境，城市高楼林立，对于雷达信号的各种反射会影响真正的目标信号，因此，能否采取算法剔除这些干扰将直接影响探测雷达的实际效果。例如，我们把对海对空的远距离军用雷达直接用于"低慢小"侦测，不一定有效，主要就是环境的问题。但是雷达侦测对于"低慢小"来说，一定是最为经典和有效的手段。

无人机监测雷达可以根据需要采用不同的技术。目前，在反制无人机的技术解决方案中所使用的雷达技术主要有：脉冲雷达、连续波雷达和无源雷达。每种方法都各有优缺点。其中，脉冲雷达和连续波雷达都属于有源雷达。

技术局限：①雷达只会对超出速度探测阈值的移动目标做出反应，而对速度低于探测阈值的慢目标，如悬停或慢速移动时，雷达往往会做出"无视"的反应，达不到探测的目的。②现代"低慢小"目标一般是由复合材料、塑料泡沫等构成，这些材料具有透波特性，使目标具有低可探测性；而且"低慢小"目标的电机、发动机、电池、导线等金属材料体积较小，大大降低了目标自身的雷达反射截面，降低了被雷达探测的距离和发现概率，也缩短了后续处置的反应时间。③通常"低慢小"目标飞行高度较低，地杂波的影响也将给地面雷达的搜索探测增添一些难度。在临海、森林遮挡、楼宇遮挡的情况下，探测效果也会受到影响。④由于雷达天线的波束条件限制，需要较好的架设条件（如城市环境中，需要架设在高大建筑物顶层），对于周围的环境有电磁污染，造价昂贵，需要专业的技术人员操作。同时，空中的不明干扰物，也会造成大量虚警，形成误报。

5.2.2　光电监测技术

对于作战无人机而言，侦察和监视成为它的首要任务，也是无人机应用最早的领域。无人机可凭借自身飞行不受地形影响的优势在空中进行大范围、大面积的侦察搜索，或者凭借着体积小、声音小来飞临敌方的作战要地，对敌方的作战情况进行详细的、实时的、有针对性的侦察，获取更多不间断的信号情报，还能对一些特定的敏感目标进行连续侦察，对生化作战武器进行识别和侦察。而想要完成这些作战任务，主要就是依靠无人机搭载的光电系统。这项技术不仅可以应用于无人机，也可以作为武器来追踪无人机。

对于光电监测技术，最核心的就是红外探测和可见光探测设备，在温度高于绝对零度时，不管是有生命体还是无生命体，都会时刻辐射出红外线。红外线的特点在于它具有光热效应，能够辐射能量。而红外探测器的主要功能就是检测红外辐射的存在，判断它的强弱，再将其转变成其他形式的能量来应用。同时，红外探测器还具有接收像元大、灵敏度高、全天时工作等优点。而缺点就在于它的分辨率较低，目前最常用的红外探测器的最大分辨率是 640×512。所以，红外追踪一般来讲是作为粗追踪来使用的。

针对无人机，通常采用红外探测器检测它的热辐射特性。当无人机在执行飞行任务的过程中，电磁和电机就是其主要的发热装置。当无人机处于较远距离时，通过红外探查器探查的小型无人机的图像为弱小的目标，信号和噪声都比较小，图像携带的信息也非常有限，容易被周边环境的背景杂波吞没，给对目标的精准检测和识别带来很大的困难。

使用红外探测器和可见光探测器对无人机进行探测最大的阻碍是周边环境的背景

杂波和噪声。背景主要指地面的建筑物、树林以及空中不明飞行物体（如鸟、风筝）等干扰，这些往往也是造成探测虚警的主要原因。虽然红外探测技术对红外弱小的目标探测非常困难，但是它可以很有效地解决夜间对无人机的检测问题，对整个无人机反制系统起着至关重要的作用。

可见光探测器的响应快、分辨率高，但只有在激光照明的前提下才能够更好地工作，例如，通过可见光相机进行侦测，不仅成本较低，还可以通过直接的视觉效果对捕获的目标进行分析，但是无法在夜间进行检测。因此，将红外监测技术与可见光监测技术结合为光电监测应用，就能够对无人机进行全天候的监测。

为了实现对无人机更加精准的监测与识别，通常会使用多种光学探测设备对成像进行数字融合。这种探测对"低慢小"的目标反射或辐射出的可见光及红外线通过多种光电设备进行光电成像、红外成像、激光红外成像以及热成像对目标进行对比分析，从而判断其类型、位置、威胁系数等来达到探测的目的。与其他探测技术相比，光电探测技术能够更加直观地凸显目标的轮廓特点，更加直观地辨别目标的形态和种类，可以有效地弥补雷达技术的探测盲区，实现近距离精准探测。它还可以与其他设备叠加使用，对无人机的探测和后续的追踪非常高效。

技术局限：对于"低慢小"目标以及可见光和红外辐射较低的目标用光电探测技术探查具有较大的难度；对天气的要求较为严苛，光线、能见度、云层、雨雾等都会增大探测的难度；同时对多重目标的探测也非常有限，不能达到很好的效果。

发展趋势：光电探测技术还有很多不足，有很多问题还需要解决，例如，多光谱或超光谱成像技术；高清晰度电视视频格式；光探测和测距成像技术，以及焦平面技术都是光电探测技术的发展趋势，也是成就更加完美光电探测系统的技术。

5.2.3　无线电频谱监测技术

1. 无线电探测与定位

对无人机的快速识别、定位及跟踪是无人机反制的前提，无线电探测与定位是无人机探测的有效手段之一。无人机无线电探测与定位有两种主要技术：数字波束形成（DBF）技术和时差（TDOA）定位技术。

1）圆形阵列 DBF 测向

在无线电测向中，需要天线阵列具有水平 360°全方位探测能力，均匀线性阵列只能进行扇区扫描，而圆形阵列具有良好的全方位扫描能力。圆形阵列天线由均匀分布在圆周上的或多个同心圆上的天线单元构成。以圆心为坐标，假设辐射源方向，可计算出辐射源到各个阵元的波程差，对各个阵元加权补偿阵元间波程差，将波束指向辐射源方向。因此，只需要调整各天线单元的加权矢量即可以对 360°平面内任意方向进行扫描。圆形阵列测向采用多重信号分类算法（MUSIC）和旋转不变子空间算法（ESPRIT）等 DBF 技术，利用噪声子空间与信号子空间的正交性构造空间谱函数。通过谱峰搜索实现对无人机辐射信号的方向估计，可以实现 2° 的测向精度。单个圆形阵列可以估计无人机方向，两个以上圆形阵列联合估计可以对无人机进行高精度定位。

2）TDOA 定位技术

TDOA 定位是一种利用时间差进行定位的方法。通过测量信号到达监测站的时间可以确定信号源的距离。利用信号源到各个监测站的距离（以监测站为中心，距离为半径作圆），就能确定信号的位置。

TDOA 定位法也可被称为双曲线定位法，其原理为：根据移动台发射信号到达两个基站的时间差，可算出移动设备到两个基站之间的距离差，而移动设备必然位于以两个基站为焦点、距离差为长轴的双曲线上。存在三个以上已知位置的基站时，就能根据双曲线的交点确定移动设备的位置，如图 5-15 所示。

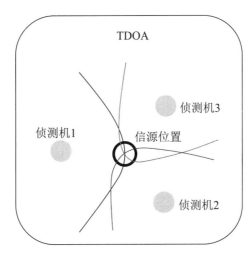

图 5-15　TDOA 定位技术

2. 无线电反制技术

无线电反制技术通过干扰或控制无人机通信系统、导航系统等，迫使无人机返航或降落。主要包括压制式干扰、欺骗式干扰、阻塞式干扰、飞控智能干扰、GPS 干扰等方式。

1）压制式干扰

压制式干扰使用电子脉冲或高功率微波切断无人机与其地面遥控源之间的信息链路，干扰其 GPS 导航模块，迫使无人机失控。智能欺骗式干扰包括 GPS 欺骗和控制指令欺骗。一方面，通过 GPS 欺骗干扰无人机导航系统；另一方面，通过解析无线电遥控指令，接管并控制无人机，最终实现截获目标无人机的目的。

2）欺骗式干扰

比压制式干扰功率低，干扰效果好，但技术难度较高。

3）阻塞式干扰

一些无人机无线电传输采用复杂的调制技术，智能干扰系统无法进行信号解析和识别，需要采用阻塞式干扰。阻塞式干扰是利用噪声信号对对方接收机进行扰乱，在时域、频域、变换域上实现对真实回波的完全覆盖，使对方雷达无法捕获有效的回波信息。阻塞式干扰根据产生方式分为射频噪声干扰、噪声调幅干扰、噪声调频干扰和卷积噪声干扰，根据作用机理可分为阻塞式干扰、瞄频式干扰、扫频式干扰和梳状谱干扰。

对于阻塞式干扰来说，噪声调幅干扰与其他有源干扰相比干扰效率较差，实际作战中也很少使用；射频噪声干扰对射频器件要求较高，实现大功率的射频也比较困难；噪声调频干扰具有干扰频段宽、可实现大功率干扰等优点，也是目前使用较为广泛的阻塞式干扰技术；卷积噪声干扰是一种针对噪声调频干扰中噪声干扰功率不足，需要提高干扰功率的问题而提出的改进干扰方式，目前也被广泛使用。

4）飞控智能干扰

对于无人机飞控可以采取两种智能干扰方式：基于信号特征的智能干扰和基于信息提取的欺骗式干扰。飞控系统通过无线电信号控制无人机飞行，无人机图传系统通过无线电信号回传图像信息。

基于信号特征的智能干扰首先识别无线电信号频谱特征，确定同步方式和调制方式，然后根据信号调制方式进行针对性干扰。例如，多数无人机系统仍然采用 802.11 协议，可以解析协议并捕获 OFDM 同步信息，然后干扰 OFDM 同步信息，进而使无人机通信无法同步而中断。

基于信息提取的欺骗式干扰通过进一步解调接收信号，提取数据并破解控制指令等信息，产生并发射控制指令接管无人机。目前，民用或商用无人机多数没有采用复杂的加密技术，采用信息提取的欺骗式干扰是一个非常有效的反制方式。

5）GPS 干扰

GPS 干扰分为压制式和欺骗式两类。压制式干扰发射与 GPS 卫星同频率的大功率信号，使无人机 GPS 接收机模块饱和。

欺骗式干扰发射与 GPS 信号相类似的干扰信号，误导 GPS 接收机偏离准确的导航和定位。欺骗式干扰主要分为转发式欺骗干扰和生成式欺骗干扰。转发式欺骗干扰利用信号的延迟对 GPS 进行干扰，技术难度低。生成式欺骗干扰是由干扰机产生能够被 GPS 接收设备识别的欺骗信号，产生 GPS 码型和当时的卫星电文数据，对于 C/A 码和半公开的 P 码，生成式欺骗干扰是可行的。但是对于加密的军用码，生成式欺骗干扰则很困难。目前，无人机 GPS 模块没有采用军用码，生成式欺骗干扰可以有效干扰无人机。

3. 无线电反制技术的不足

虽然阻塞式干扰无人机反制系统操作简单、成本低，但是该系统功率大、干扰波束宽，在城市或居民住宅区会造成很大的附带杀伤。另外，目前的阻塞式干扰设备多为定向干扰设备，无法同时对多个无人机进行反制。无线电反制系统对于依靠外部通信的无人机拦截效果较好，但对于不依靠外部通信进行飞行控制的无人机，控制效果较差。例如，在针对以恐怖袭击为目的的自杀式无人攻击机或具有自主控制功能的无人机时，无线电反制系统就无法进行有效反制。由于受天线带宽限制，目前无线电的探测与反制系统多数仅对几个常用频段进行探测与干扰，无法实现无人机全频段的探测与干扰。

在城市低空防护应用中，无人机无线电探测及反制系统受到多方面限制。一方面，无人机通信频率与民用设备频率重叠，无线电干扰附带杀伤大，会遭到抵制；另一方面，电磁环境复杂，无人机无线电探测与反制系统作用距离小，必须开展低成本、网络化无人机无线电探测与反制系统的研究。

5.2.4　多源融合监测技术

多源融合监测，可以理解为通过多种传感器收集信息，再将收集到的信息通过计算机融合、处理，从而提高对无人机监测跟踪的精度。通过多源融合技术提高后的精度，远高于利用单一的形式对无人机监测跟踪的精度。

融合过程：充分利用多种传感器，甚至不同的设备类型，对无人机进行扫描或者信息监测和提取，在获取监测数据后把多传感器在时间和空间上的冗余、竞争、互补和协同的信息，依据相关融合准则和领域知识，对各种检测器的数据以及数据库技术进行综合分析，得到各种信息的内在联系和规律，从而删除冗余和错误的信息，保留有用与正确的信息，得到完善准确的监测跟踪信息。

5.3　无人机监测跟踪应用的产品及解决方案

5.3.1　典型的无人机监测跟踪产品——TDOA无人机监测定位系统

无源定位系统是指监测传感器利用被测目标的辐射信息进行定位的系统，定位系统本身不发射电磁信号，因而这种系统具有很强的隐蔽性，不容易被对方察觉，抵抗敌方电子侦察、电子干扰等攻击的能力强。无源定位系统通常是由多个监测传感器组成的分布式定位系统，多个监测传感器之间协同工作获取的目标信息更充分，因而分布式多站协同定位方法的定位精度以及定位性能都能达到比较令人满意的效果。

TDOA 无源定位是一种利用到达时间差进行定位的方法，通过测量无线电信号到达不同监测传感器的时间差，来对发射无线电信号的发射源进行定位。具体地，根据无线电信号到达不同监测传感器的时间差可以计算对应的距离差，根据距离差就能做出以监测传感器为焦点、距离差为长轴的双曲线，双曲线的交点就是发射源的位置，如图 5-16 所示。

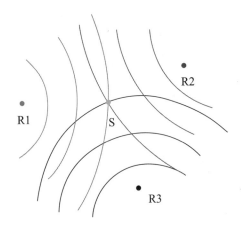

图 5-16　双曲线定位交会示意图

不同于 TOA（Time Of Arrival），TDOA 是通过检测信号到达两个监测传感器的时间差，而不是到达的绝对时间来确定发射源的位置，降低了时间同步的要求。时间差的求解可通过计算广义互相关函数（GCC）来实现，即通过计算两个监测传感器同时接收到的信号的相关函数，来得到信号到达两个监测传感器的时间差。

TDOA 无源定位系统在军事上也有广泛的应用。捷克 ERA 公司开发的"维拉（VERA）"系统是一种无源监视雷达系统。VERA-E 是目前"维拉"系列被动雷达中最新和最先进的。VERA-E 系统是一种战略及战术电子情报和被动监视系统，用于对空中、地面和海上（舰艇）目标的探测、定位、识别和跟踪。该系统采用 TDOA 技术，使用 3 部接收机就可以获得目标的二维坐标，采用 4 部接收机就可以获得目标的三维坐标，接收机越多，获得目标数据的精确度就越高。

TDOA 定位技术模型主要分为两部分：时差计算模型和定位计算模型。时差计算模型主要考虑根据接收信号计算信源到两个监测传感器的时间差；定位计算模型主要考虑根据时间差建立定位方程并求解定位结果。

1. 时差计算模型

本系统采用广义互相关法计算信号到达不同监测传感器的时间差。

2. 定位计算模型

获得了 TDOA 的测量值之后，就可以换算得到信号源到不同监测传感器的距离差，进而可以根据多组距离差建立关于信号源位置的定位方程，求解该方程就可以得到信号源的估算位置。

定位数学模型较为复杂，需要利用一阶泰勒展开。如果传感器位置分布合理，可以利用非线性最小二乘法计算；如果传感器位置分布不太合理，则问题就变成一个非线性的病态方程。

定位精度主要受时差计算精度和信源与各传感器的相对几何位置（布站形式）等因素的影响。了解定位精度的影响因素有助于在实际中合理地部署 TDOA 无源定位系统，并实现较好的定位效果。

3. 时差估计精度对定位精度的影响

时差估计精度主要取决于以下几个因素：传播环境、信号特性，以及授时同步精度。

就传播环境而言，主要的影响因素是多径和 NLOS（None Line Of Sight）。在没有多径和 NLOS 影响的情况下，时差的估计精度主要取决于信号特性和授时同步精度。当存在多径和 NLOS 的情况时，时差的估计精度将急剧下降。

时差估计精度与信号本身的带宽、接收信噪比和接收时间长度有关，如式（5.1）所示，信号带宽越宽，接收信噪比越高，且接收信号的时间越长，时差估计精度越高。就信号带宽而言，在满足定位误差 50m 以内的条件下，TDOA 无源定位系统可处理带宽为 12.5kHz 的信号。

$$\sigma \propto \frac{1}{B_{\text{TX}}\sqrt{B_{\text{RX}} \times T \times \text{SNR}}} \tag{5.1}$$

授时同步精度主要取决于授时的 1PPS 精度，当授时板的 1PPS 精度在 50ns 时，对应的距离误差为 15m。

4. 布站形式对定位精度的影响

这里主要考虑信源与各传感器的相对几何位置（布站形式）对定位精度的影响。为了描述误差与布站形式的关系，用几何精度因子 GDOP 来描述定位精度，GDOP 越小，定位精度越高，信号源与各监测传感器几何位置关系对定位精度有较大影响。下面将通过仿真分析不同的布站形式下 GDOP 在仿真区域内的分布，据此来选择合理的站址布局。图 5-17 ～图 5-20 分别展示了 3 台、4 台、5 台和 6 台传感器布站形式下的 GDOP 分布，图中等高线为 GDOP 等值线。

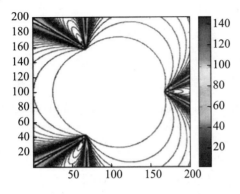

图 5-17　3 台站点下的 GDOP 分布

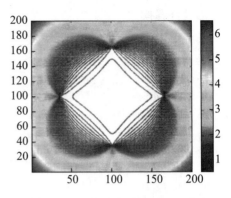

图 5-18　4 台站点下的 GDOP 分布

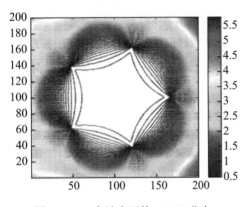

图 5-19　5 台站点下的 GDOP 分布

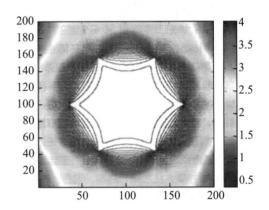

图 5-20　6 台站点下的 GDOP 分布

从图中可以看出，被定目标越靠近几何中心，布站形式对定位精度的影响越小，越往外发散，定位精度越差。因此在实际应用时，布站应尽量保证信号源在站点的包围圈内，以获得较好的定位精度。同时对比图 5-17～图 5-20 可发现，监测传感器数量越多，GDOP 等值线的值越小，说明定位精度越高。但更多的监测传感器也意味着更高的计算复杂度，因此在实际应用中，需要掌握定位精度和计算复杂度之间的平衡，选择合理的监测传感器数目进行系统部署。

5.3.2　典型的无人机监测跟踪解决方案——TDOA 网格化城市级无人机监测管控解决方案

本书选择上海特金公司的无线射频传感器作为 TDOA 监测传感器进行系统组网，联合相应的附件一起组成 TDOA 无源定位系统。每台监测传感器具有频谱扫描和定位的功能，工作时一旦频谱扫描发现目标信号，就可切换到 TDOA 定位模式。

TDOA 无源定位系统可对多种制式的信号进行定位，包括单目标信号、多目标时分体制信号和多目标频分体制信号等。本节分别展示 TDOA 无源定位系统对上述信号的实际定位结果。

1. 定位系统配置

采用无线射频传感器的 TDOA 无源定位系统架构如图 5-21 所示。实地架设时，每台监测传感器配有 GPS/ 北斗双模天线、宽带全向监测天线、网桥或 4G 路由器等相应的附件。每台监测传感器的数据通过网桥或 4G 路由器回传到定位服务器，定位服务器会进行相应的数据处理和定位结果展示。宽带全向监测天线在 400MHz ～ 6GHz 都有稳定的 3dBi 左右的天线增益，以及较好的圆度。

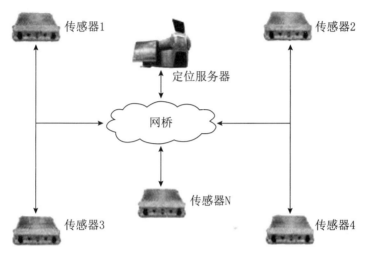

图 5-21　TDOA 无源定位系统架构

无线射频传感器包括射频板、信号处理板、授时板以及工控板等。授时板的 1PPS 精度在 50ns 以内，为时间差的测量精度提供保证。

1）射频板

无线射频板频率覆盖范围 20MHz ～ 6GHz，可实现射频信号的接收功能，即将射频信号转换为基带信号。

2）信号处理板

无线信号处理板的系统架构能实现高速的信号处理，信号处理板上包含 FPGA 芯片、ADC 模块等，可实现基带信号到基带数据的转换。

2. 定位结果

1）单目标信号定位

本次定位实验布设了 3 台监测传感器，组成了近似等边三角形的形状，并且为了保证定位精度，在 3 台监测传感器包围范围内放置信号源进行定位测试。信号源发送的测试信号为 FM 信号，带宽为 12.5kHz，监测传感器扫描结果如图 5-22 所示。本次实验保证监测传感器接收信噪比和接收信号长度处于最佳配置，定位结果如图 5-23 所示。

图 5-22　FM 信号的频谱扫描结果（见彩插）

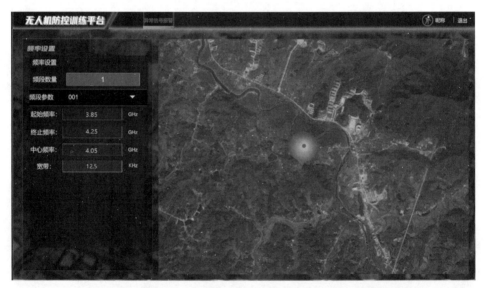

图 5-23　带宽为 12.5kHz 的 FM 信号定位结果（见彩插）

图 5-23 中绿色图标为系统定位结果，中间的蓝色图标为信号源真实位置，黄色图标为置信度较低的中间结果，绿色图标和蓝色图标的距离差即为定位误差。图中结果显示本次定位误差为 22.69m，说明 TDOA 无源定位系统对窄带信号有较好的定位效果。

2）多目标时分体制信号定位

在对多目标时分体制信号进行定位的实验中，为了保证实验精度，架设了 5 台监测传感器，并在传感器包围范围内部署了 3 台目标信源。扫描到目标信号频谱后切换到定位软件界面开始定位，定位结果如图 5-24 所示。

图 5-24　多目标时分体制信号的定位结果（见彩插）

图 5-24 中红色图标即为定位结果，所显示的 3 个定位结果与实际部署的 3 个目标信源位置相距 30m 以内，说明 TDOA 无源定位系统对时分体制的多目标信源也有较好的定位效果。同时，本系统不受限于所包围范围内时分体制的目标信源的个数。

3）多目标频分体制信号定位

在对多目标频分体制信号进行定位的实验中，为了保证实验精度，架设了 5 台监测传感器，并在传感器包围范围内部署了两台目标信源。扫描到目标信号频谱后切换到定位软件界面开始定位，定位结果如图 5-25 所示。

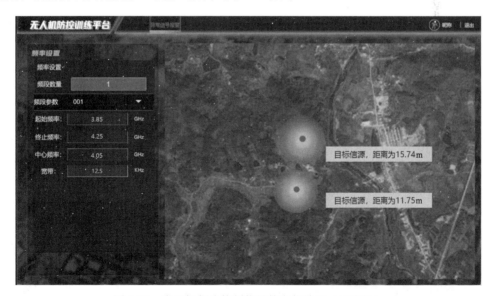

图 5-25　多目标频分体制信号的定位结果（见彩插）

图 5-25 中绿色图标为系统定位结果，中间的蓝色图标为信号源真实位置，黄色图

标为置信度较低的中间结果，绿色图标和蓝色图标的距离差即为定位误差。图中结果显示，对多目标频分体制信号的定位误差为 15.74m 和 11.75m，说明 TDOA 无源定位系统对频分体制的多目标信源也有较好的定位效果。

3. TDOA 网格化无人机管控系统优势

（1）无源探测和定位，无电磁辐射，不影响周边通信指控，环境友好且隐蔽性高。

（2）超宽频谱设计，有效侦测反制商用无人机及自制 DIY 无人机。

（3）具备多型号多目标（机群）分离识别能力和跟踪打击能力，紧贴实战。

（4）能识别无人机工作模式、工作频点、数字指纹等多种参数，虚警率低。

（5）精确定位无人机以及飞手的位置，自动引导反制，精准管控。

（6）支持固定、车载部署，可 7×24h 无人值守，察打一体，管理便捷。

（7）大规模自动组网，无缝覆盖，支持城域级大区，多层级无人机管控系统构建。

（8）体积小，功耗低，防护等级高，部署方便；适用于城市、山地、海岸线等多种环境。

5.4　无人机监测跟踪应用实践案例

案例一：航母护卫

2019 年，上海特金公司为中国船舶集团有限公司某所提供 TDOA 无人机监测系统，系统装备部署在武汉某航母基地（图 5-26 中红色圈内为 1 : 1 的水泥航母模型）。图中红色的图标点为无人机定位的轨迹点，地图比例尺是 100m，系统对无人机的飞行轨迹定位精度在 10m 级，这个定位精度在业界处于绝对领先水平。

图 5-26　TDOA 无人机监测系统定位轨迹界面（见彩插）

案例二：海防应用——200km 外广播信号探测定位

2018 年 5 月，在山海关海防区域，上海特金公司的 TDOA 无人机侦测装备接受公安部第一研究所的无线电探测实地检测。

顺利通过所有检测项，并成功探测到 200km 外大连市的交通广播电台信号（100.8MHz），如图 5-27 所示。

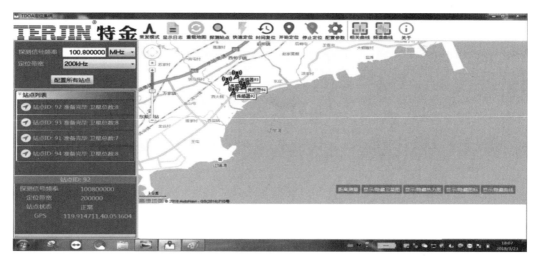

图 5-27　成功探测到 200km 外无线电信号（见彩插）

案例三：海防应用——为军舰航行保驾护航

特金 TDOA 无源探测装备隐蔽安全、零干扰、7×24h 工作的特点，契合军事单位的安全要求与使用需求。海军三艘军舰部署上海特金公司的 TDOA 无线电探测装备，成功探测到数百千米外的无线电信号。

第 6 章
无人机防御反制应用

　　无人机的普及是社会发展的必然趋势，利用无人机可以实现高视角的静态、动态观测，并且无人机具有方便快捷、成本低的特点，可以实现对地面物体的监测与跟踪，因此无人机的应用越来越广，甚至很多职能部门也开始使用无人机作业，如军用侦察、警用追捕、消防安全、电力巡检、交通巡检等。

⁘ 本章目标

- 了解无人机反制的背景和目的。
- 了解无人机反制的多种方法。
- 掌握一些典型的无人机反制设备及使用方法。

6.1　无人机防御反制应用的背景

我国无人机行业发展迅猛，已经有越来越多的飞行爱好者加入其中。但是，这其中涉及的法律风险不容忽视，某些人随处随意起飞无人机，更有甚者在机场附近飞行，严重威胁了飞机的正常起降。这种未经登记的飞行操作，并且具有一定危险性的飞行行为也称为"黑飞"。

例如，2017 年 4 月 21 日 14 点 38 分，在成都双流机场，3U8996 次航班与 3U8360 次航班在双流机场 20R 跑道五边两侧 23 海米时，机组人员发现一架绿色无人机。随即报告公安部门。这架无人机直接导致了 13 个航班备降，1 个航班返航。2017 年 4 月 21 日 15 点 40 分，MU5407 与 3U8772 次航班机组在距地面 1100m 处，发现一架红色无人机和一架红白相间无人机。这两架无人机，导致 19 个航班备降，2 个航班返航。2017 年 4 月 21 日 17 点 06 分，ZH9772 次航班在落地前，发现一架白色无人机。该无人机正好从飞机下方穿过。

仅在 2017 年 4 月 21 日下午的 3 个小时里，成都双流国际机场共计遭遇 4 架"黑飞"无人机干扰，导致 58 个航班备降西安、重庆、贵阳和绵阳机场，4 架飞机返航，超 1 万旅客出行受阻被滞留机场，因受这 4 架无人机干扰，导致成都双流国际机场当天晚上通宵运行。此种极为危险的行为，严重威胁到了人民财产安全甚至于生命安全，操作者需要承担相应的法律责任。

因无人机"黑飞"险些酿成飞行事故的案例并不在少数。

2018 年 12 月 12 日，墨西哥航空公司一架波音 737 客机在靠近墨美边境的蒂华纳罗德里格兹国际机场附近空域时被一架无人机撞上，造成客机雷达罩严重受损。

如此集中的无人机入侵机场事件前所未见，也正是因为这一系列事件的发生，再次将无人机"黑飞"的问题推到了风口浪尖上。具有"低慢小"等特点的无人机由于其技术门槛低、获取途径多样和操作简单等特点，在很多领域都得到广泛应用，因此带来的安全隐患也日趋严峻。特别是一旦被不法分子利用，将产生不可想象的损失和后果，对无人机加强管控迫在眉睫。2018 年 12 月 29 日，第十三届全国人民代表大会常务委员会第七次会议通过的民用航空法修正案中，新增了第二百一十四条，授权国务院、中央军事委员会对无人驾驶航空器做出特别规定。该规定为无人机飞行管理条例的出台铺平了道路。

一般而言，"黑飞"未构成犯罪的，将由公安机关进行批评劝阻，有违反治安管理行为的，依据《治安管理处罚法》《民航公安机关行政处罚裁量适用办法》等规定进行处理，处以罚款、拘留等，严重者可依据《中华人民共和国刑法》对其行为追究刑事责任，可能会涉及以危险方法危害公共安全罪、过失以危险方法危害公共安全罪、重大飞行事故罪、妨害公务罪等。

为了避免之前已在世界范围内多个机场多次发生的因无人机干扰而导致的航班延误甚至机场停摆的恶性事件再次发生，机场管理单位必须提前做好规划和部署，通过有效的技术防控手段，提前规避事件来临时无力应对的局面。

不可否认，无人机在警用、地质、气象、抢险救灾等行业有着积极作用，但是也要看到它带来的隐患。由于无人机体型较小，雷达难以捕捉到，最近发生的这几起无人机扰航事件，均是由机组人员最先发现，然后再报告给空管部门启动相应预案。

那么，如何预防无人机黑飞？怎样去监测跟踪无人机？成为机场、高铁站、军事基地等的难题。目前有以下几种方法。

1. 无人机实名制

管理办法由身份认证、行为规范及违规处罚三方面构成。在身份管理上，无人机应采取实名制，一机一人确定操作主体，并要求在机身张贴具有个人信息的二维码，以便于事后溯源，追究相应责任，也以此来促进用户的行为自律。对于用户购买的通用品牌的无人机，用户只需要通过操作软件，在软件上进行注册登记，并由生产厂商向管理部门开放用户数据；对于使用组装、自产无人机的，则需向属地主管部门注册登记后方可飞行，否则极易变成黑飞行为。

2. 设立禁飞区

对飞机本身进行限制，将飞行范围划分为禁飞区和限飞区，将机场等敏感地区设置为禁飞区，通过后台设定将机场跑道 30km 以内的区域规划为禁飞区，并使无人机在禁飞区内无法起飞，在限飞区内的飞行高度也会受到严格的限制。操作者无法自主进行修改，并且从限飞区起飞无法进入禁飞区内。如果想要在禁飞区或者限飞区内高空作业，则需要在有关部门的许可下，将许可证明上传至无人机后台，由无人机后台为无人机开放相应权限。

3. 设置电子围栏

在特定地区设置电子围栏，可使无人机进入此区域后失去数据传输及图像传输功能，干扰无人机的通信链路，迫使无人机只能依靠导航定位系统原路返回。电子围栏最大可以设置 15km 的半径距离，是防止无人机进入限制区域的有效方法。

4. 无人机反制枪

无人机反制枪并不仅仅是枪型，是单人手持无人机反制设备的统称。无人机反制枪依靠发射电磁波来切断无人机与其地面操纵设备的联系，并迫使无人机原地降落，是目前市场上最常用的无人机反制设备。

5. 无人机抓捕

无人机抓捕是通过发射阻拦网或其他抓捕设备对无人机实施直接控制的一种有效手段。由于抓捕设备受精准、高度等情况影响，并且在人员密集区有造成群众伤亡的可能性，目前执法部门几乎不使用此方法。

6. 机场净空区

机场净空区是指飞机在起飞爬升、下滑着陆时由于飞行高度比较低，必须要划设一块区域，这个区域就是机场净空区。机场净空区不仅限制无人机等其他飞行器飞行，还限制周边建筑高度，来保证飞机起飞、着陆、复飞的安全，也能使飞机起飞、着陆距离缩短。净空区的底部是椭圆形，以跑道为中线，它的长度是跑道的长度加上两端各 60m 的延长线；椭圆形的宽度在 6km 以上。净空区以此为底部向外向上呈立体状延伸。同时，在跑道的两端向外划出一个通道，这个通道的底面叫进近面，沿着下滑道水平延伸 10km 以上，由这个水平面同时向上延伸形成一条空中通道。

7. 规范行业行为

建立健全无人机作业行为规范是防止无人机黑飞比较直接有效的手段，其中，最有效的是持证飞行。通过学习无人机飞行法律法规、无人机操作安全规范、无人机使用及维护保养方法等，考取相对应的无人机驾驶执照，防止无人机黑飞、乱飞以及危险驾驶等行为。

6.2　无人机防御反制应用的技术概论

随着近年来无人机的普及化，无人机反制技术已成为各国不得不重点关注的新兴产业。美国在该领域起步较早，处于技术领先位置，我国近年来也进步迅猛。目前，各国的无人机反制技术可以分为两类，一种是通过电子干扰、阻断等技术的"软杀伤技术"，另一种则为直接摧毁无人机的"硬杀伤技术"。

6.2.1　硬杀伤技术

无人机反制的"硬杀伤技术"最直接的方式就是通过物理上的硬杀伤将其击毁，给无人机造成不可逆的致命毁伤。部分国家会选择利用弹炮结合防空系统在超低空有效打击无人机，例如，使用 35mm 速射炮发射多束定向预制破片编程弹，爆炸后可将大量预制破片直接指向目标方向，产生高密度破片束，以拦截和击毁无人机目标。但是面对价格低廉的小型无人机或密集攻击的无人机蜂群时，传统防空手段"拦不住""打不起"的问题非常突出。

针对传统防空手段，一些国家利用更加有效的方式对无人机进行反制，如高能激光束、微波电磁脉冲、粒子束等，具有反应速度快、效费比高、操作安全可靠等优势的定向能武器、激光武器能发射高温激光束，在近距离破坏或击毁无人机的硬件系统。微波武器可发射高能电磁脉冲，高压击穿无人机的硬件设备，且频谱覆盖范围广，毁伤区域大，是应对无人机蜂群的有效手段。这方面美国已先后研发出多种机动式反无人机系统，其中最具代表性的是基于"斯特赖克"轮式战车改进的"远征机动式高能激光炮"，使用定向能量束来摧毁空中的目标，击落了超过150个包括无人机、火箭弹等模拟敌方目标，而操作激光的花费仅是车上电动设备的费用和装甲车所用柴油燃料的费用。无人机躲避攻击的能力在激光武器面前显著降低。高精度、低成本、发现即摧毁等优点使其备受青睐。而我国的"激光净空系统"在无人机反制方面，可采取"红外粗跟踪＋精跟踪"的"复合跟瞄"模式，昼夜均可使用，可对"低慢小"无人机进行快速精确击毁。

在现代战场中，无人机的投入使用不断上升，对于无人机的反制技术显得尤为重要，而且无人机的发展也在不断提高，传统的防空手段就有些吃力，利用地面捕捉网拦截无人机，成功率更加下降，无人机与反无人机技术的对抗式发展，在未来势必会日趋激烈。

6.2.2 软杀伤技术

在民用无人机领域，出现一些高端的无人机已经是非常普遍的现象，正因为如此，"黑飞""乱飞"现象也存在一定的增长，给社会的治安问题带来了一定的影响，而且在民事领域，如果动用军事武器用"硬杀伤式"的方法来治理那些"黑飞"无人机，很容易引起社会群众的恐慌。所以民用领域一般使用软杀伤技术。

对于反制无人机的软杀伤技术而言，从客观角度来看可以分成三种：干扰阻断类、拦截捕获类以及诱骗控制类。这三种方式都是较为柔和地阻断无人机的作业能力，因此被称为"软杀伤技术"。

1. 干扰阻断类

在无人机反制的软杀伤技术中，"干扰阻断类"是应用最广泛的，也非常有效。这种阻断方式通常采用电磁干扰、声波干扰、导航信号干扰。

电磁干扰：通过释放电磁波，对无人机和控制站之间的通信进行干扰，切断无人机飞控系统发出的遥控信号以及图传信号、数传信号，使无人机被迫处于丢失信号的自我保护待机状态，达到对无人机执行迫降或者驱离的目的。代表武器有"反无人机电磁枪""电磁步枪"等。

声波干扰：无人机有一种特殊的重要部件——陀螺仪，它的作用是协助无人机感知自身在飞行中的平稳状态。可以说无人机的平稳飞行就是通过控制系统及陀螺仪反馈的信息来完成的。所以，通过声波干扰可以有效地干扰陀螺仪的正常工作，从而使无人机丧失正常工作的能力。

导航信号干扰：民用无人机的飞控系统中有一个 GPS 组件，用来通过卫星导航定位无人机自身的位置，通过卫星导航信号干扰可以对无人机的自身定位进行阻断，而无人机在失去导航信号后因为无法继续实现精准定位，就会影响其飞控系统，限制无人机的飞行。

2. 拦截捕获类

拦截捕获类无人机反制技术在空中或者地面都能够执行，方式主要有：捕捉网、无人机捕捉、老鹰捕捉等。

最常见的一种方式是用发射枪射出捕捉网对无人机进行捕获，但是这种方式的作用范围相当有限。还有一种是通过大无人机上搭载的巨型捕捉网对小型无人机进行捕捉，从而使小型无人机失去飞行能力。但是这种方式的操作难度较大，小型无人机的特点是体积小、灵活性高，因此在无人机反制领域并未被广泛应用。还有一种就是通过训练老鹰对无人机进行捕获并带到指定区域，或者是对目标进行破坏。

要想通过拦截捕获的方式达到反制无人机的效果，就必须使目标无人机在可视范围内，所以使用的距离受到很大的限制。随着无人机壁障技术的不断发展与完善，拦截捕获也变得越来越困难。

3. 诱骗控制类

对无人机实施诱骗控制的技术通常采用的有导航信号诱骗、无线电信号劫持、黑客技术反控三种方式。相比拦截捕获的方式，诱骗控制的应用更加广泛。

导航信号诱骗：顾名思义，这种方式针对的是民用无人机飞控系统中的 GPS，通过发射虚假的导航信号来欺骗无人机搭载的 GPS 导航终端，使其获得虚假的定位信息，从而诱导无人机的飞行，对目标无人机实现禁飞区设置、返航点欺骗、航线欺骗等。

无线电信号劫持：目前，在民用无人机的应用领域，无人机使用控制信号的频率普遍是 2.4GHz 和 5.8GHz 等常规频率，而无线电劫持技术就是通过先破解无人机与遥控系统间的"通信协议"，然后再把更强大的信号发送至目标无人机身上，从而接管无人机的控制权。

黑客技术反控：随着无人机的快速发展，市场上有很多无人机可以使用手机或者平板电脑直接进行操控，这种操控方式下无人机与遥控站之间往往采用的是 WiFi 信号来实现通信，所以针对这种操控方式可以采用很多成熟的黑客技术来反制无人机。

在无人机反制的软杀伤技术中，这类方法也会受到法律保护，不宜于商业化。

6.3 无人机防御反制应用的产品及解决方案

6.3.1 典型的无人机防御反制产品——无线电干扰压制设备

1. 固定式无人机反制装备

固定式无人机反制装备是一种基于无线电干扰和阻断原理，对无人机实行定向打击的无人机反制装备，包含干扰信源、二维转台和定向天线三部分，如图 6-1 所示。

该固定式无人机反制装备具备如下功能特点。

（1）可独立控制多个射频发射通道，任意组合覆盖多个频点。

（2）定向发射系统，发射能量集中，后向功率小，不影响周边电子装备。

（3）模块化设计，扩展性强。装备采用标准网络接口，可独立运行，也可以作为反制单元融合到无人机侦测平台。

（4）具备组网能力，方便多台装备组网，实现大区域无人机管控。

（5）具备远程升级功能，维护方便。

（6）支持本地和远程连接，可以通过 4G/LTE 等多种方式联网，满足不同使用环境需求。

图 6-1 固定式
无人机反制装备

（7）特殊反制信号波形设计，可有效切断无人机的通信指控及导航链路。

（8）定向发射反制信号，方位角和俯仰角可调。

（9）可以和无人机侦测系统协同工作，自动运行，连续跟踪打击目标，直至驱离无人机或者使其迫降，从而保障特定区域低空安全。

固定式无人机反制装备的性能指标如表 6-1 所示。

表 6-1 固定式无人机反制装备性能指标

项目	参数
干扰方式	定向 / 全向模式
反制模式	无人机目标驱离 / 迫降
压制距离比	≥ 10：1
云台转动角度	0°～360°

续表

项目	参数	
	频段 /MHz	功率 /dBm
工作频段	（890～940）±10	43±2
	（1550～1625）±10	40±2
	（2400～2500）±10	40±2
	（5700～5850）±10	40±2
可同时打击目标数量	≥4	
作用半径 /km	≥3（空旷无障碍区域）	

装备适应各种气候环境，工作温度可达 −20℃～55℃，适应最大海拔高度不低于 3500m，同时各装备具备防冰冻能力，适用于雨、风、雪、曝晒、沙尘等极端天气。

2. 车载式察打一体装备

车载式察打一体装备（图 6-2）用于无人机侦测、识别和干扰。系统融合了协同频谱感知、深度神经网络等多种技术，利用接收到的无人机特征信号，实现对黑飞无人机的侦测与识别；利用无线电干扰和阻塞技术，实现对黑飞无人机的有效管控。此外，可根据实际需要选择定向或全向干扰模式。

图 6-2 车载式察打一体装备

该装备具备如下的功能特点。

（1）侦测反制一体化设计。所有工作模块均集成于一个保护罩内，保护罩采用低风阻外形设计，使车辆在高速运动状态下保持稳定性和安全性。

（2）具备在高速移动状态下进行无人机侦测与反制的能力。

（3）可适应不同类型的车辆，车辆无须改装即可完成部署。

（4）模块化设计，扩展性强，对外接口开放，支持第三方系统集成接入。

（5）反制单元具备多种工作模式，既支持高效的定向联动反制，又支持稳定的全向无死角反制。

（6）采用无源侦测技术，不会影响无线通信装备的正常使用且隐蔽性高。

（7）监测范围宽，具备全频段实时频谱分析和电磁频谱管理的功能，侦测范围为100MHz ～ 6GHz。

（8）供电系统选用稳定持久的高性能移动电源。

（9）支持车载式和固定式安装，可根据使用场合需要灵活选择。

该系统具备如表 6-2 和表 6-3 所示的性能水平。

表 6-2　车载式察打一体装备性能参数表——侦测单元

项目	参数
工作模式	无源侦测
作用对象	无人机图传、飞控链路
工作频段	100MHz ～ 6GHz
侦测角度	水平：0°～360°。垂直：0°～90°
侦测距离 /km	≥ 8（空旷无障碍区域）
	≥ 3.5（典型城市环境）
同时侦测识别数量	≥ 10（5 个不同厂家）
发现时间 /s	≤ 3
侦测功耗 /W	≤ 50

表 6-3　车载式察打一体装备性能参数表——反制单元

项目	参数	
工作模式	无线电干扰	
作用对象	无人机图传、飞控链路、导航信号	
反制方式	定向 / 全向模式	
工作频段	频段 /MHz	功率 /dBm
	（830 ～ 950）±10	43±2
	（1550 ～ 1640）±10	43±2
	（2400 ～ 2510）±10	43±2
	（5700 ～ 5900）±10	43±2
反制距离 /km	≥ 3（空旷无障碍区域）	
	≥ 2.5（典型城市环境）	

3. 便携式无人机反制装备

便携式无人机反制装备（图6-3）体积小、重量轻。其工作原理是通过发射多波段电磁波对无人机进行干扰反制，从而阻断无人机的飞控系统和信号传输系统。可快速对低空无人机实施迫降或驱离，实现对"黑飞"无人机的有效管控。

图6-3　便携式无人机反制装备

其装备特点如下。

（1）外形采用优化的通用造型，符合普遍使用条件下的最佳人机工程设计，携带方便，便于瞄准，应用灵活。

（2）反制装备采用定向发射，能量集中，对操作者伤害最小。

（3）反制模式设计全面，可根据现场不同的需要，改变反制模式，实现对飞行目标的安全驱离或迫降。

（4）频段覆盖全，反制对象种类多，含市面上大多数无人机类型，包括自制无人机。

（5）内置高品质电池，有效使用时间长。

该装备能达到如表6-4所示的性能水平。

表6-4　便携式无人机反制装备性能指标

项目	参数	
工作模式	无线电干扰	
作用对象	无人机图传、飞控链路、导航信号	
工作频段	通道	频段 /MHz
	1	（900 ～ 938）±5
	2	（1559 ～ 1590）±5
	3	（2400 ～ 2500）±5
	4	（5725 ～ 5885）±5
反制距离 /m	≥ 1000	
同时发射频段	4	
尺寸 /mm	$L \times W \times H$：760×230×80	
重量 /kg	≤ 4.5	
续航时间 /min	100 ～ 120	
工作温度	−20℃ ～ 55℃	

6.3.2　典型的无人机防御反制解决方案——无线电频谱监测压制联动解决方案

民用无人机一般使用无线电技术与地面操纵设备联系交互，网格化频谱监测系统可利用此特性对重点地区进行无人机监测反制。采用 TDOA 无线电定位技术，在固定地点安装频谱检测反制系统，依托先进的电磁波传播模型，基于台站数据库、地图数据、检测数据等，实现电磁环境仿真、态势展示、频率预选、干扰查处、信号定位等功能，采用精细化无线电管理模式，及时了解重点地区的电磁环境情况等。特金网格化频谱检测系统集"发现、识别、定位、跟踪、反制"五位一体，融合了频谱感知、TDOA 时差定位、定向干扰拦截、便携式反制等多种模块，共同实现对"黑飞"无人机的有效管控。

在实际的应用场景当中，为了能实现 360° 全向监测，一般常见的方式是采用多元测向方法。常用的测向方法主要分为振幅法和相位法。其中，比幅法测向是振幅法测向中最常见的一种方法。比幅法测向是利用天线重叠的相邻波束接收同一辐射源信号，通过比较接收信号的幅度，来确定其方向的函数测向。比幅法测向具有技术成熟、难度小、瞬时带宽宽、截获率高、不受测频影响、成本低等特点。相关干涉仪测向是相位法测向中最常见的一种方法。干涉仪测向是利用无线电磁波在测向基线上形成的相位差来确定来波方向，用于无人机监测时，需要测向机具有方位角与仰角两种同时进行测向的能力，才能监测无人机的高度与位置。干涉仪测向具有算法简单、测向精度高、灵敏度高、实时性好、适用天线阵型多样等优势。

以机场为例，为了避免之前已在世界范围内多个机场多次发生的因无人机干扰而导致航班延误甚至机场停摆的恶性事件再次发生，机场管理单位必须提前做好规划和部署，通过有效的技术防控手段，提前规避事件来临时无力应对的困局。

1. 无人机侦测定位拦截系统的组成

无人机侦测定位拦截系统主要由 3 部分组成，分别如下。

（1）用于针对无人机信号超远距离的探测设备。

（2）用于针对相对近距离的无人机信号探测、识别、定位、跟踪的 TDOA 无线电监测定位设备。

（3）用于对无人机信号进行干扰压制的反制设备（固定式）。另外，可选配便携式无人机干扰枪，进行机动处置。

这些组成部分可形成机场跑道和周边区域发现、打击黑飞无人机的多级防线，实现对黑飞无人机信号的发现、识别、定位和反制等一系列功能，如图 6-4 所示。

比例尺：1.89cm作图尺寸=1.00km实际大小

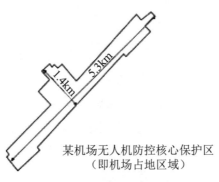

某机场无人机防控核心保护区
（即机场占地区域）

图 6-4 机场核心保护区示意图

2. 设备选型、数量及站点架设

系统方案包含 8 台 TDOA 无线电监测定位设备、2 台定向反制设备，同时可选配若干把手持式无人机干扰枪。架设站点尽量选在某机场管理区域内。站点选址和各站点设备架设大致地点如图 6-5 所示。

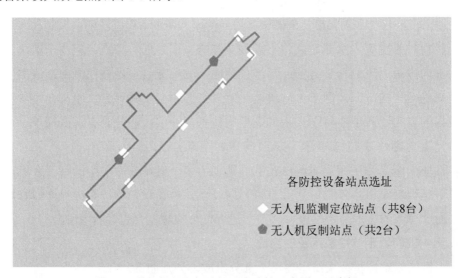

各防控设备站点选址

◇ 无人机监测定位站点（共8台）

⬡ 无人机反制站点（共2台）

图 6-5 某机场无人机防控站点选址示意图（见彩插）

（1）TDOA 无人机监测定位设备：图 6-5 中蓝色菱形所示，采用 TDOA（Time Difference of Arrival，一种无线电定位算法）无线电到达时差定位原理，可实现对全频段（100MHz ～ 6GHz）内监测定位各类型无人机，包括非主流无人机和 DIY 无人机，覆盖半径大于 3km，有效覆盖机场近空范围内的目标探测和预警需要；3 台探测设备作用范围的重合处还能实现对无人机目标的精准定位，保障系统的反制设备可以做到对入侵目标的精准有效反制。

（2）固定式反制设备：图 6-5 中红色五边形所示，采用无线电定向干扰拦截原理，与 TDOA 无线电监测定位设备联动，形成 7×24h 察打一体系统，对发现识别到的黑飞无人机进行精准频点、精准方位的有效反制，而非无差别攻击。同时，该反制设备深度融合 ADS-B 技术，在精准打击黑飞无人机的同时，避免对正常飞行的民航飞机和机场通信指控系统造成干扰。作用半径可达 2.5km。

（3）干扰枪（选配）：采用便携式干扰枪，实现对飞行目标的安全驱离或迫降，用于对上面的固定式反制设备形成增补作用。作用半径大于 1km。

3.覆盖效果分析

根据以上站点分布和设备组网监测覆盖能力，测算分析得出，该方案可对某机场构建三级防控体系（图 6-6），形成对"低慢小"升空物的超远距发现、预警、识别、定位、跟踪、反制"六位一体"的防控体系，全面满足机场净空保护区防控需要。

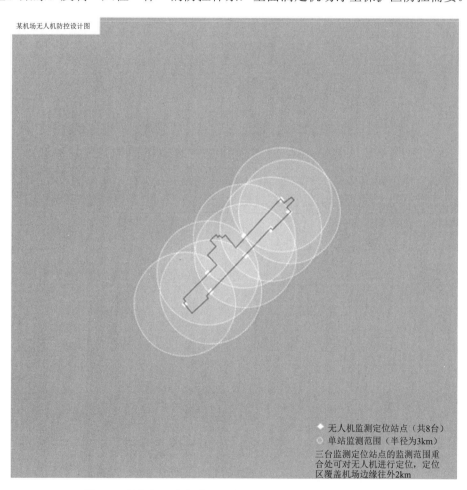

图 6-6　某机场无人机侦测预警覆盖效果示意图（见彩插）

侦测预警区：如图 6-6 所示，黄色覆盖区域有布设在机场周边的 8 台 TDOA 探测定位设备（作用半径 3km），实现对范围内无人机的及时侦测、识别和预警。

定位追踪区：如图 6-7 所示，蓝色虚框区域（覆盖机场往外约 2km）内为无人机的定位区域，可实现对无人机的定位跟踪。

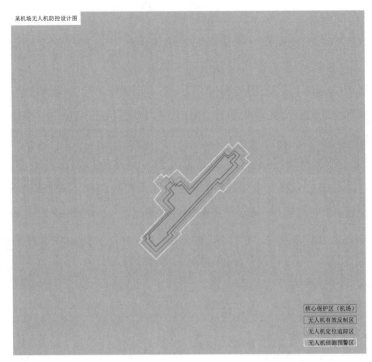

图 6-7　某机场三层无人机防控覆盖效果示意图（见彩插）

反制区：如图 6-8 所示，圆圈覆盖区域内为反制区域（作用半径为 2.5km），可实现对无人机的有效打击，使得无人机迫降或者返航。

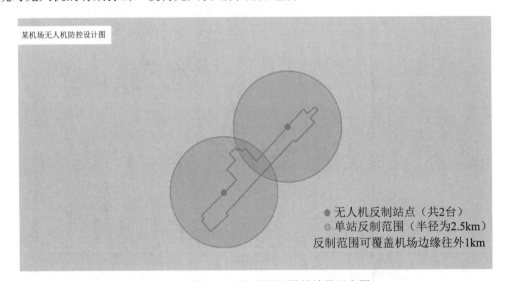

图 6-8　某机场无人机反制区覆盖效果示意图

4. 系统平台工作流程

无人机管控系统部署（图 6-9）以后，系统针对无人机常用频段进行 24h 实时频谱监测，当"黑飞"无人机出现以后，系统检测到异常信号，随后进行报警，检测的频谱数据与数据库中的无人机数据进行对比，确定无人机的型号，根据无人机型号和频谱特征，自动进行目标的轨迹跟踪，根据轨迹跟踪的结果指导服务人员携带便携式无人机干扰拦截设备对黑飞无人机进行处置，也可以自行联动反制设备对目标进行有效反制，最终完成事件的应急处理。

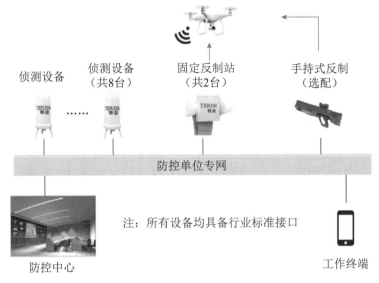

图 6-9　无人机安全管控系统网络拓扑图

1）多频段监测

无人机管控系统可进行多频段 24h 频谱监测，实时监测无人机常用的 4 个频段：0.9GHz、1.3GHz、2.4GHz、5.8GHz。除了常规频段，系统具备 100MHz ～ 6GHz 全频段监测能力。多频段实时频谱监测的软件界面如图 6-10 所示。

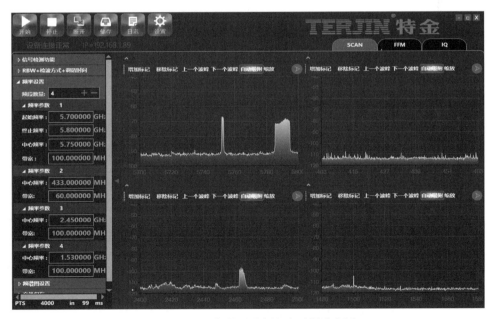

图 6-10　无人机信号多频段实时频谱监测

2）异常信号快速报警

无人机管控系统监测到"黑飞"无人机信号后进行报警，频谱图中可以查看到两个异常的无人机信号，并可获取这两个无人机信号的频率和带宽。监测到黑飞无人机信号并报警的软件界面如图 6-11 所示。

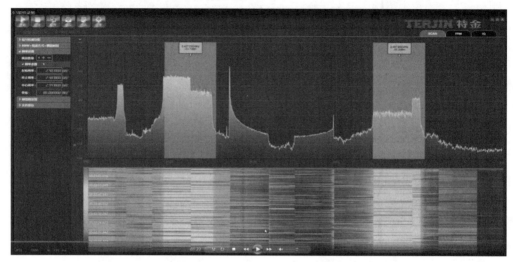

图 6-11　监测到黑飞无人机信号并报警的软件界面

3）无人机型号识别

监测到黑飞无人机信号并报警后，系统自动将监测到的无人机的频谱信息与数据库中的各种无人机型号的频谱信息进行对比，识别出黑飞无人机的型号。识别无人机型号的软件界面如图 6-12 所示。

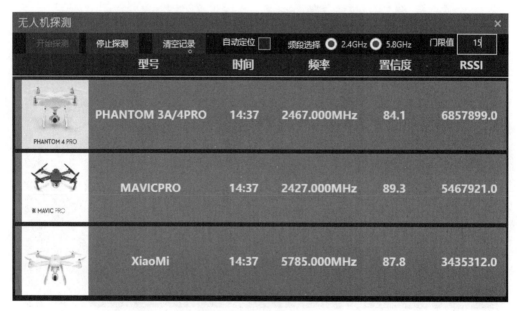

图 6-12　识别无人机型号

4）无人机轨迹跟踪

根据识别到的无人机型号信息和频谱特征，系统自动地进行黑飞无人机的轨迹跟踪。黑飞无人机轨迹跟踪示意图如图6-13所示。

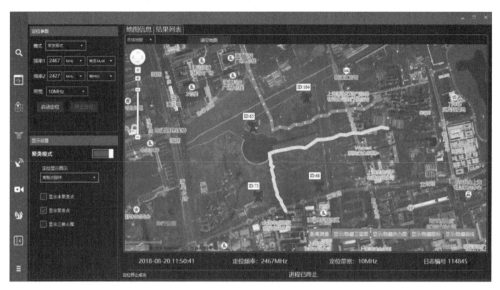

图6-13　无人机轨迹跟踪示意图（多目标轨迹追踪）

5）黑飞无人机迫降或返航

操作人员可选用便携式无人机干扰枪，或者由探测系统自行联动反制系统对目标进行反制，处置后黑飞无人机迫降或者自动返航。黑飞无人机被干扰后控制端软件界面如图6-14所示。

图6-14　黑飞无人机被干扰后控制端软件界面

5．硬件组成部分

1）TDOA 无线电监测定位设备

TDOA 无线电监测定位设备主要包含射频传感器、宽带全向监测天线、GPS 天线、电源和网络传输设备。

监测定位单站工作频率为 100MHz ～ 6GHz，探测距离可达 3km 以上，识别机型 40 种以上（包括非主流型号无人机、DIY 无人机），刷新时间小于 2s。

多台（≥3）监测定位单站组合即可对无人机进行定位追踪，定位精度小于 30m，同时可定位无人机数量大于 10 台。

监测定位单站的实拍图如图 6-15 所示。

多台监测定位单站组合具有以下功能及特点。

（1）能监测并实时显示探测设备接收到的无线信号频谱。

（2）具有无人机跳频信号跟踪功能，当目标无人机频段改变时应能自动跟踪到改变后的无线信号。

（3）支持在线或离线 GIS，支持谷歌、必应等电子地图。

（4）具有定位无人机遥控者的功能，能在控制软件的电子地图

图 6-15　监测定位
单站的实物图
上显示飞手（遥控器）的位置。

（5）具备多目标轨迹跟踪功能，同时探测到多台无人机时能分别显示各无人机对应的飞行轨迹。

（6）系统探测到无人机后能进行信息、图标、声光报警提示；能通过短信方式向用户推送无人机入侵信息。

（7）系统能设置防御范围，在防御区域内监测到无人机时，系统应进行报警提示；对防御区域外的无人机不进行报警。

（8）具有无人值守功能，探测设备发现无人机后可联动反制设备自动发射干扰信号。

（9）具有无人机入侵日志记录功能，并能通过控制软件对探测到的无人机轨迹进行回放。

（10）系统能通过 4G 方式进行通信，通过控制软件对多套探测设备和反制设备进行自由组网，实现大区域连续管控。

2）无线电反制设备（含 ADS-B）

反制设备采用无线电定向干扰拦截原理，与无线电监测定位设备联动，形成 7×24h 察打一体系统，对发现识别到的黑飞无人机进行精准频点、精准方位反制，避免无差别攻击。同时，该反制设备深度融合 ADS-B 技术，在精准打击黑飞无人机的同时，也能避免对正常飞行的民航飞机和机场通信指控系统造成干扰。

无人机干扰拦截设备（图6-16）由干扰发射设备、定向干扰天线以及云台组成。三个组成部分进行一体化设计，全部安装在可360°旋转并具备俯仰功能的云台上。根据对黑飞无人机实时的轨迹跟踪结果，安装在云台上的干扰拦截设备进行自动角度对准，实现对黑飞无人机的干扰拦截。

图6-16　干扰拦截设备的实物图

干扰拦截设备可同时对黑飞无人机的0.9GHz、2.4GHz、5.8GHz等频段进行干扰，拦截黑飞无人机，指向误差小于4°。

3）便携式无人机干扰枪（选配）

便携式无人机干扰枪可通过干扰黑飞无人机的图传信号实现对黑飞无人机的管控或捕获。干扰枪装有一个高倍的瞄准镜，可实现对黑飞无人机的拦截。工作频段包括（（900～938）±5）MHz、（（1559～1590）±5）MHz、（（2400～2500）±5）MHz、（（5725～5885）±5）MHz，反制距离可达1km。

手持式定向干扰枪的实物图如图6-17所示。

图6-17　便携式无人机干扰枪的实物图

该手持式定向干扰枪具有以下功能和特点。

（1）外形采用优化的通用造型，符合普遍使用条件下的最佳人机工程设计，携带方便，便于瞄准，应用灵活。

（2）反制设备采用定向发射，能量集中，对操作者伤害最小。

（3）反制模式设计全面，可根据现场不同的需要改变反制模式，实现对飞行目标的安全驱离或迫降。

（4）频段覆盖全，反制对象多。

（5）内置高品质电池，便于维护，使用效率高。

6.系统配置清单

某机场无人机防控系统设备配置清单如表 6-5 所示。

表 6-5　某机场无人机防控系统设备配置清单

序号	产品名称	产品图片	数量
1	"低慢小"飞行物综合防控指挥中心软件平台		1
2	TDOA 监测定位单站（含设备及天线配件等）		8
3	反制设备		2
4	便携式无人机干扰枪		选配

频谱监测压制联动管控系统具有如下优势。

（1）无源探测和定位，无电磁辐射，不影响周边通信指控，环境友好且隐蔽性高。

（2）超宽频谱设计，有效侦测、反制商用无人机及自制无人机。

（3）具备多型号多目标（机群）分离识别能力和跟踪打击能力，紧贴实战。

（4）能识别无人机工作模式、工作频点、数字指纹等多种参数，虚警率低。

（5）精确定位无人机以及飞手的位置，自动引导反制，精准管控。

（6）支持固定、车载部署，可 7×24h 无人值守，察打一体，管理便捷。

（7）大规模自动组网，无缝覆盖，支持城域级大区，多层级无人机管控系统构建。

（8）体积小、功耗低、防护等级高、部署方便，适用于城市、山地、海岸线等多种环境。

6.4　无人机防御反制应用实践案例

案例一：变电站黑飞

2021 年 5 月 1 日，湖北省咸阳市马桥镇咸宁变电站内，正在站内巡视的人员突然听到一阵"嗡嗡声"，原来是一架无人机在变电站的设备区上空来回飞行。吴超无法判断"入侵者"的目的。为避免其影响设备安全运行，巡视人员迅速向当地警方汇报，并拿出站里的反无人机装置，瞄准无人机飞行方位，开启反无人机装置的迫降模式并发射干扰波，经过多次"射击"，成功迫使无人机在站内安全位置降落。

案例二：大型活动禁飞区

2019 年 10 月 14 日晚，武汉警方在武汉体育中心空域发现一违规飞行的无人机，当即采取反制措施将无人机驱离。

案例三：净空区反制演练

2022 年 6 月 22 日，湄潭县公安局在黄家坝街道梭米孔村开展无人机反制演练及净空安全宣传活动，进一步筑牢空中安全防线。无人机反制演练时，演练现场上空"突然"出现一架来历不明的"黑飞"无人机，存在安全风险。接到预警后，湄潭县公安局立即启动无人机反制措施，治安大队、特警大队、国保大队、黄家坝派出所民警根据各自职责快速开展工作。民警用无人机反制装备对"黑飞"无人机进行反制，成功引导无人机迫降并顺利捕获。